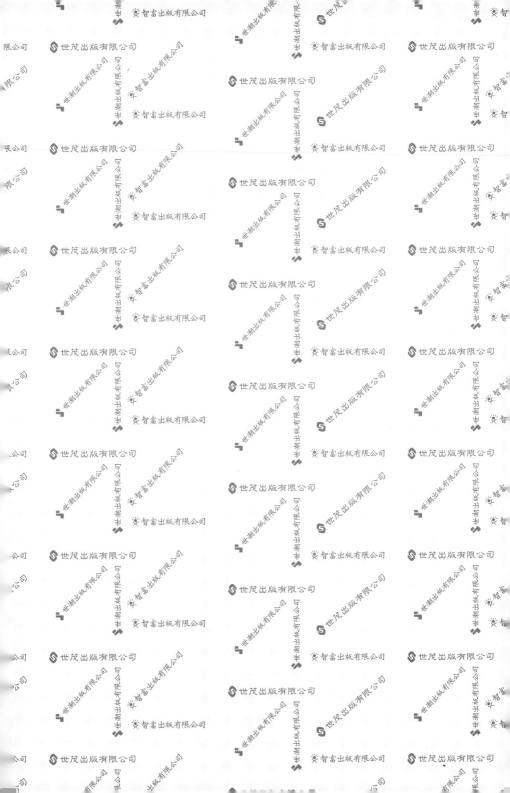

数学の世界地図

古賀真輝 ——著　　許郁文 ——譯

前師範大學數學系教授兼主任 洪萬生 ——審訂

# 最廣泛實用的
# 數學課

探索公理與定義，一手掌握數學知識

## 前言

　　或許有些人會覺得，數學不就只是在研究「數」嗎？數學不是已經沒什麼好研究的了嗎？

　　其實數學處理的領域非常多，除了數字，還包含了圖形、函數、邏輯，這些都是人類的思考結晶。由於數學不像其他自然科學那樣，是觀察現象、進行實驗與分析的學問，所以許多人不知道數學到底是研究什麼的學問也不足為奇。

　　學習數學、研究數學與登山其實非常類似。一開始，我們都是從加法、減法開始學習，這就像是爬山時，會先從山腳開始往上爬，等跨越各種困難爬到山頂，才能看到遼闊的美景。爬到山腰，覺得前方困難重重時，只要先爬上去，之後再往下看，就會覺得當時的困難沒什麼。

　　不過，站在山腳的人很難想像站在山頂俯瞰的景色，這也正是數學的困難之處，所以有不少人在還沒見識到山頂的美景就半途而廢了。

　　本書就是想幫助大家解決這種在數學中遇到的困難。本書設定的主要讀者群是高中生與大學新鮮人，主在說明數學的發展樣態。我比各位在名為數學的這座山多爬了幾步，因此很想為大家畫出數學的地圖（比我多爬幾步的前輩當然也可以看看本書）。

　　在旅行之前，光看旅遊導覽書籍就讓人覺得很興奮對吧？同理可證，先透過這本書了解爬上數學這座山的山頂能看到何種世界，除了能讓大家在學習數學的路上更加快樂，也會更知

道接下來該往哪邊走。如果本書能讓更多人對數學生出興趣，或是想要試著挑戰數學，那真是作者再開心不過的事情了。

　　一如許多先人一步步為我們實際測量了世界的大小並繪製了世界地圖，本書介紹的數學世界地圖也只是根據我的所見所聞所繪製，因此很可能還有我未曾見聞的領域。

　　數學世界地圖與世界地圖的差異之處在於，不是每個人都能正確畫出數學的世界地圖，有些人會在不同的領域畫出不同的「國界」，各領域的「觀光景點」也不盡相同，而且還有許多所有人都未曾開拓過的領域，所以就這層意義來說，數學的世界就像是「宇宙」。還請大家在了解這點之後，盡情地在我以個人見聞所繪製的數學世界地圖之中遨遊。

　　話不多說，就讓我為大家帶路，進入數學的世界吧。

# 目錄

# 第 1 章

## 踏上旅途之前
## 的準備
### Preparing for Departure

# 數學是怎麼樣的學問呢？

## 數學成為一門學問的過程

　　到底數學是何種學問呢？若問是不是照字面意義解釋，是一門只與「數」有關的學問，答案當然不是。數學這門學問也研究許多「數」之外的主題，比方說圖形、函數、機率、電腦都包含在內，甚至與填色畫有關的問題也是數學的研究主題之一。筆者也未全盤了解數學的研究主題，換言之，很難以數學的研究主題定義數學究竟是何種學問。本書雖然打算針對數學的各種研究主題（的一部分）進行解說，但在進入正題之前，還是要先聊聊數學這門學問的特徵。

　　要了解數學的特徵，就必須先了解組成這門學問的元素。

## 組成數學的元素

　　數學準備了幾個公認正確的基本命題，而這些命題又稱為公理。比方說，歐幾里得（Euclid，西元前 3 世紀左右）提出的「兩個相異的點之間，一定存在著通過這兩點的直線」的主張就是公理之一，他在著作《幾何原本》（Stoicheia）中說明了與圖形有關的數學。

　　數學會根據公理考察各種既念，而為了正確說明這些概念，數學的用語意思都很嚴謹。這些用語的意思就稱為「定義」。比方說，當某個自然數為質數，該質數的定義就是「除了 1 與自己之外，沒有任何正因數的自然數」。

　　嚴謹定義這些概念之後，接著就是探索這些概念的性質。在數學的世界裡，這種可釐清概念是否正確的主張稱為命題，而正確的主張稱為定理，透過數學邏輯說明命題為何正確的敘述稱為證明。在數學的世界裡，未經證明的命題無法被視為定理，只有經過證明，該定理才具有價值。

## 數學的特徵

　　總結來說，在數學的世界裡，會根據公理定義新的概念，再證明該概念的性質，藉此讓概念成為定理，之後再定義新的概念與證明定理，而數學的世界也就是在反覆進行這一連串流程之下一步步擴展。透過這個流程深化觀察方式是數學這門學問最明顯的特徵。反之，只要能透過這套方式觀察，任何事物都可以是「數學」的研究主題。

## 數學的價值

　　數學的研究活動以增加新定理為主要任務，換言之，就是證明那些有可能正確的猜想（conjecture）。全世界的數學家都拚命從各種概念找出有趣的性質，或是想要解決那些知名的猜想。如果能成功證明那些猜想是正確的，那當然是非常有價值的創舉，更重要的是，在證明猜想的過程又會衍生新概念，讓數學的理論變得更加豐富廣袤。猜想的價值在於一個猜想的背後可能蘊藏著更寬闊的數學世界。

　　這些數學的元素（公理、定義、定理、猜想）也在本書中扮演了重要的角色，本書也會透過一些框架強調這些元素，還請大家先認識這些元素的差異。

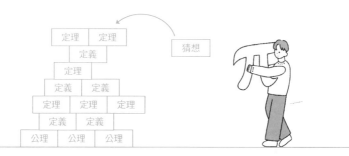

# 數學具有哪些分類？

## 主要的三大領域

　　數學就是一門根據剛剛說明的方法研究各種主題的學問，而本書打算先介紹幾個比較大的領域，說明這些研究主題。許多人都說，數學主要分成三大領域，分別是代數學、幾何學與分析學。

## 第 1 節 ｜ 代數學

　　「數」是數學最基本的研究主題之一。我們可針對「數」，思考下列的運算方法：

$$1 + 1 = 2 \text{、} 2 \times 3 = 6$$

代數學除了思考數的運算方式，還會思考一般元素的運算方式，而研究這類運算方式的集合（代數系統）就稱為代數學。

## 第 2 節 ｜ 幾何學

　　關於圖形的學問就稱為幾何學。一如幾何學的語源是「geometry」，幾何學起源於「測量土地」的學問，後來慢慢脫離測量土地這種實用的學問，轉型為研究理想的圖形[※1]，而這就是現代的幾何學。

## 第 3 節 ｜ 分析學

　　函數可用來說明數與數的相關性，而研究函數的數學就稱為分析學。以微積分作為主要研究工具的分析學也在與物理學互相影響之下持續發展。

$$
\begin{array}{ccc}
1 & \xrightarrow{\ f\ } & 2 \\
2 & \longrightarrow & 4 \\
3 & \longrightarrow & 6 \\
& \vdots & \\
x & \longrightarrow & 2x
\end{array}
$$

---

※1　比方說，我們用鉛筆畫不出完全筆直的直線，用尺也可能畫得歪七扭八，而幾何學則不斷討論哪些圖形可以畫出筆直的直線。這些圖形就是所謂的「理想圖形」。

　　這就是數學的三大代表領域，也常常被稱為「純粹數學」。這些領域都有更深入、更細膩精密的研究主題與領域，也有許多領域是由這三大領域的研究主題所組成，建議大家先記住這三大代表領域只是較為廣泛的定義即可。

　　除了這三大領域（純粹數學），還有數學基礎論與應用數學等定義廣泛的領域。

## 第 4 節 | 數學基礎論

　　數學基礎論就是研究數學基礎的領域。目前也有許多人正在研究數學所需的邏輯與集合，所以數學基礎論可稱為「與數學有關的數學」。

## 第 5 節 | 應用數學

　　應用數學就是與日常現象或是技術進一步結合的數學。主要是將日常現象轉換成嚴謹的公式再加以研究，或是為了奠定某些技術的數學基礎而進行研究。

　　數學基礎論與應用數學雖然自外於數學三大領域，卻依舊是奠定數學基礎的領域，也是與其他領域相連的領域，當然也都是數學中不可或缺的領域。

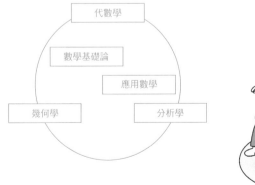

# 數學的基本用語與概念

## 數

### ・自然數

用於數數的數 1、2、3、……稱為自然數。有部分的流派將 0 分類為自然數，但本書不將 0 視為自然數。

### ・整數

自然數與 0、$-1$、$-2$、$-3$、……這類數稱為整數。

### ・有理數

當 $p$ 與 $q$ 為整數（但 $p \neq 0$），能以 $\dfrac{q}{p}$ 表示的數稱為有理數。比方說，$-\dfrac{1}{3}\left(=\dfrac{-1}{3}\right)$、$2\left(=\dfrac{2}{1}\right)$、$0\left(=\dfrac{0}{1}\right)$、$\dfrac{193}{2022}$ 都是有理數。

### ・實數

實數就是能於數線上表達的數。

### ・無理數

不是有理數的實數就稱為無理數。比方說，$\sqrt{2}$、$\pi$（圓周率）、$e$（自然常數）都是無理數。

### ・複數

以實數 $a$、$b$ 組成的 $a+bi$ 的數就是複數。此時 $i$ 為虛數，$i^2 = -1$。比方說，$2+i$、$-3i$、$12$ 都是複數。

## 集合

東西的聚集稱為集合，但在重視嚴謹的數學世界裡，這個定義不夠嚴謹，然而在學習數學（以及閱讀本書時），使用這種定義幾乎不會造成任何影響，所以還請大家把集合當成「東西的聚集」即可（其實這樣做並不好，理由會在 24.2 的部分說明）。

集合寫成 $\{2, 4, 6, \cdots\}$ 這種於括號 $\{\ \}$ 之中排列相關元素的格式（列舉法），以及像 $\{x \mid x\}$ 為正偶數這種在括號 $\{\ \}$ 之中的直線左側以一般符號描述該集合的元素，再於直線右側寫入成為該集合元素的條件（描述法）。比方說

$$\{2, 4, 6, \cdots\} = \{x \mid x \text{ 為正偶數}\}$$

就會成立。此外，也有使用特殊符號表達的集合。

- $\mathbb{N} = \{1, 2, 3, \cdots\}$：所有自然數的集合
- $\mathbb{Z} = \{\cdots, -2, -1, 0, 1, 2, \cdots\}$：所有整數的集合
- $\mathbb{Q} = \left\{ x \mid x = \dfrac{q}{p} \text{，但 } p, q \text{ 為整數，} p \neq 0 \right\}$：所有有理數的集合
- $\mathbb{R}$：所有實數的集合
- $\mathbb{C} = \{x \mid x = a + bi \text{，} a, b \text{ 為實數 }\}$：所有複數的集合

## 映射、函數

應該有不少人在國中或高中就聽過函數這個詞，映射則是函數的標準化用語。函數就像是說明實數 $x$ 與 $y$ 之間存在 $y = x^2$ 這種關係的東西，連其他不是數的東西也能進行相同定義的是映射。

> **定義** 假設有集合 $A$ 與 $B$，而集合 $A$ 的每個元素只與集合 $B$ 的元素單獨配對時，這種對應關係 $f$ 為映射。集合 $A$ 對集合 $B$ 的映射寫成 $f : A \to B$，與集合 $A$ 的元素 $x$ 對應的集合 $B$ 元素寫成 $f(x)$，這種元素的對應關係可寫成 $f : x \mapsto f(x)$，特別是當 $B$ 為數的集合，$f$ 就稱為函數。

○例

　　$K$ 高中的 1 年 1 班有 50 名學生，分別編上了 1～50 的座號。假設集合 $A$、$B$ 分別為

　　$A = \{x \mid x \text{ 為 } K \text{ 高中 1 年 1 班的學生（的名字）}\}$，$B = \{1, 2, 3, \cdots, 50\}$

那麼輸入學生的名字就輸出對應的座號的函數（映射）可寫成 $f : A \to B$。此外，輸入座號就輸出學生名字的映射可寫成 $g : B \to A$。

## 虛數單位、圓周率、自然常數

> 定義　平方之後為 $-1$ 的數稱為虛數單位，而虛數單位以 $i$ 表示。

> 定義　不管圓有多大，圓的直徑與圓周的比都是固定的，而這個比稱為圓周率，以 $\pi$ 表示。
> $$\pi = 3.14159\cdots$$

> 定義　假設 $a$ 為正實數。當曲線 $y = a^x$ 的 $x = 0$，且與這條曲線相切的切線斜率恰巧為 1 時，$a$ 只有 1 個，這個 $a$ 值就稱為自然常數，以 $e$ 表示。
> $$e = 2.71828\cdots$$

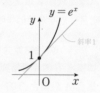

## 其他用語

### · 菲爾茲獎

　　菲爾茲獎是頒贈給在數學界做出卓越貢獻，且年齡不超過 40 歲的數學家，而且是每四年頒贈一次，所以被譽為最具權威性的數學大獎。日本人只有三位曾經榮獲此獎，分別是小平邦彥（1954 年）、廣中平祐（1970 年）、森重文（1990 年）。

### · 千禧年大獎難題

　　千禧年大獎難題是古雷數學研究所於 2000 年懸賞百萬美元的 7 道數學難題，分別是楊－米爾斯存在與質量間隙、黎曼猜想（ 猜想 30 ）、$P \neq NP$ 猜想（ 猜想 137 ）、納維－斯托克斯存在性與光滑性（ 猜想 92 ）、霍奇猜想、龐加萊猜想（ ⏿ 定理 79 ）、貝赫和斯維訥通－戴爾猜想（ 猜想 46 ），其中只有龐加萊猜想得到證明（2023 年 4 月時的資料）。

# 第2章

## 踏上旅程吧！

### Let's go on a journey!

第 **1** 節

# 代數學
## Algebra

進入大學後，首先學習的是代數學的線性代數，處理的是與比例密切相關的「線性關係」。線性代數與後面提及的微積分一樣，都是各種理科學問的基礎，也是理科大學生必學的領域。

大概到了大學三年級，就會開始學習「代數體系」，也就是群、環、體這類運算已定義完成的集合。群有一個運算，會於描述對稱性的時候使用。環則是加法、減法、乘法固定的代數體系。體則是四則運算的代數體系，因為包含了伽羅瓦理論這種代數學知名理論而廣為人知。

大學四年級之後，就會進行更專業的研究，選擇更深入的領域進行學習與研究，例如代數學的領域包含數論、以多項式表示圖形的代數幾何學，以及綜合數論與代數幾何學的算術幾何學，或是考察代數體系的對稱性的表現理論。

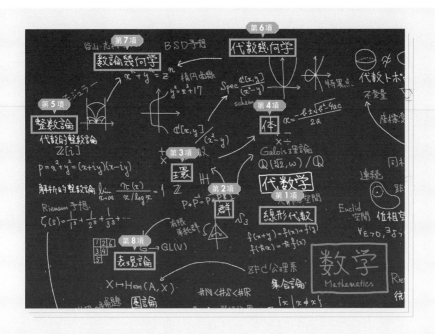

**Contents**

# 線性代數
## Linear Algebra

　　線性代數就是處理「線性」的學問，也是理科大學生進入大學後最先學習的領域，當然也是理科所有學問都會用到的數學。這是因為在數量的關係之中，最基本的性質就是「線性」，就算不是數量，也通常會先回到「線性」的情況再開始思考。

## 1.1. 何謂向量

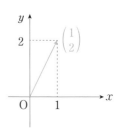

　　在說明線性之前，讓我們先簡單地複習高中數學學過的向量吧。具有方向與大小的量稱為向量（幾何）。只要沒有特別聲明，本節介紹的都是以實數為成分的向量。

　　在座標平面的 $x$ 軸方向與 $y$ 軸方向標記移動量，就能表現向量。比方說，在 $x$ 軸方向前進 $1$，在 $y$ 軸方向前進 $2$ 的向量可寫成 $\binom{1}{2}$，本書使用的是 $\vec{a}$、$\vec{b}$ 這種常見的向量符號。

兩個向量 $\binom{p}{q}$、$\binom{r}{s}$ 相加可定義為

$$\binom{p}{q}+\binom{r}{s}=\binom{p+r}{q+s}$$

於 $x$ 軸方向前進 $p$、於 $y$ 軸方向前進 $q$ 之後，再於 $x$ 軸方向前進 $r$ 以及於 $y$ 軸方向前進 $s$，等於在 $x$ 軸方向前進 $p+\mathrm{r}$、在 $y$ 軸方向前進 $q+s$。此外，向量 $\binom{p}{q}$ 的實數 $k$ 倍可定義為

$$k\begin{pmatrix} p \\ q \end{pmatrix} = \begin{pmatrix} kp \\ kq \end{pmatrix}$$

假設 $k$ 為自然數，那麼在 $x$ 軸方向移動 $p$ 距離，在 $y$ 軸方向移動 $q$ 距離，然後重覆同樣的移動距離 $k$ 次，等於在 $x$ 軸方向移動 $kp$ 距離，以及在 $y$ 軸方向移動 $kq$ 距離。

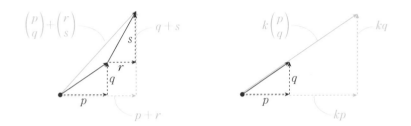

## 1.2.　線性

接著要利用算數的例子說明。假設去布店買布，紅布 1[m] 賣 600 元，那麼買 $x_1$[m] 的時候，價格 $f(x_1)$ 是多少呢？答案當然是 $f(x_1)=600x_1$ 元。這種函數就是比例的函數，將買的長度乘以 $k$ 倍，價格當然也會放大 $k$ 倍。換言之，購買 $kx_1$[m] 的價格為購買 $x_1$[m] 時的價格的 $k$ 倍，所以下列的公式成立。

$$f(kx_1) = k \cdot f(x_1) \qquad \cdots\cdots ②$$

此外，「$(x_1 + x_1')$ [m] 的價格等於「$x_1$[m] 的價格與 $x_1'$ [m] 的價格的總和」。換言之，下列的公式成立。

$$f(x_1 + x_1') = f(x_1) + f(x_1') \qquad \cdots\cdots ①$$

①與②的性質就稱為線性。

> **定義** 1.　**函數 $f(x)$ 為線性**的意思是下列兩個性質成立。
> ①　對於任意的 $x_1$、$x'_1$，$f(x_1 + x'_1) = f(x_1) + f(x'_1)$
> ②　對於任意的 $x_1$、實數 $k$，$f(kx_1) = k \cdot f(x_1)$

　　到這部分，線性等於「比例」。所謂的一般線性就是將這個「比例」擴展為多個變數。

　　假設除了紅布之外，還有 1[m] 賣 500 元的藍布。紅布買 $x_1$[m]、藍布買 $x_2$[m] 時的價格 $g\begin{pmatrix} x_1 \\ x_2 \end{pmatrix}$ 會是多少呢？這個函數 $g$ 是確定 $x_1$ 與 $x_2$，價格就確定的雙變數函數，紅布的長度寫在括號上方，藍布的長度寫在括號下方，所以 $g\begin{pmatrix} x_1 \\ x_2 \end{pmatrix}$ 代表 $600x_1 + 500x_2$ 元。這個函數 $g$ 具有下列的性質。

- 紅布與藍布分別購買 $(x_1 + x'_1)$[m] 與 $(x_2 + x'_2)$[m] 的時候，價格為「紅布買 $x_1$[m]、藍布買 $x_2$[m] 的價格」與「紅布買 $x'_1$[m]、藍布買 $x'_2$[m] 的價格」的總和，可以下列的公式表現：

$$g\begin{pmatrix} x_1 + x'_1 \\ x_2 + x'_2 \end{pmatrix} = g\begin{pmatrix} x_1 \\ x_2 \end{pmatrix} + g\begin{pmatrix} x'_1 \\ x'_2 \end{pmatrix} \qquad \cdots\cdots ③$$

- 紅布與藍布分別買 $kx_1$[m] 與 $kx_2$[m] 時的價格等於紅布買 $x_1$[m]、藍布買 $x_2$[m] 時價格的 $k$ 倍，能以下列的公式表現：

$$g\begin{pmatrix} kx_1 \\ kx_2 \end{pmatrix} = k \cdot g\begin{pmatrix} x_1 \\ x_2 \end{pmatrix} \qquad \cdots\cdots ④$$

③與④的性質就是將 $x_1$ 與 $x_2$ 這兩個數的組寫成向量

$$\begin{pmatrix} x_1 + x'_1 \\ x_2 + x'_2 \end{pmatrix} = \begin{pmatrix} x_1 \\ x_2 \end{pmatrix} + \begin{pmatrix} x'_1 \\ x'_2 \end{pmatrix} \quad 或 \quad \begin{pmatrix} kx_1 \\ kx_2 \end{pmatrix} = k\begin{pmatrix} x_1 \\ x_2 \end{pmatrix}$$

假設 $\vec{x} = \begin{pmatrix} x_1 \\ x_2 \end{pmatrix}$，$\vec{x'} = \begin{pmatrix} x'_1 \\ x'_2 \end{pmatrix}$，就可整理成

$$g(\vec{x}+\vec{x'})=g(\vec{x})+g(\vec{x'}),\ g(k\vec{x})=k\cdot g(\vec{x})$$

這滿足了線性的定義，所以 $g$ 果然是線性函數。

以上說明了函數就是線性的定義，而且還可以進一步拓展定義。

- 執行加法之後，再做 ＊＊ 與做了 ＊＊ 之後再執行加法相等
- 乘以 $k$ 倍之後再做 ＊＊ 與做了 ＊＊ 之後再乘以 $k$ 倍相等

滿足這種關係的 ＊＊ 就稱為線性。

### 1.3.　線性範例

在此介紹幾個線性的具體範例。

**○例 2.**

**● 微分、積分**

微分在進行線性操作時也是非常重要的一部分，因為「加總函數之後再微分，與微分之後再加總相等」，而且「函數乘以 $k$ 倍之後再微分，與微分之後再乘以 $k$ 倍相等」。經過整理可得到下列的公式。

$$\{f(x)+g(x)\}'=f'(x)+g'(x),\ \{k\cdot f(x)\}'=k\cdot f'(x)$$

積分也有線性的性質，所以

$$\int\{f(x)+g(x)\}dx=\int f(x)dx+\int g(x)dx,$$

$$\int k\cdot f(x)dx=k\int f(x)dx$$

成立。

**● sigma**（總和符號）

至於數列 $\{a_n\}$ 與數列 $\{b_n\}$ 的總和，下列的公式成立。

$$\sum_{n=1}^{N}(a_n+b_n)=\sum_{n=1}^{N}a_n+\sum_{n=1}^{N}b_n,\ \sum_{n=1}^{N}(ka_n)=k\sum_{n=1}^{N}a_n$$

其他像是極限 $\lim\limits_{x \to a} f(x)$ 或是隨機變數的期望值 $E[X]$ 也都具有線性性質。

反之，以下為大家列出一些非線性的例子。

●例 3.

$f(x) = x^2$ 就不具線性性質。因為，

$$f(x_1 + x_2) = (x_1 + x_2)^2 \text{ 與 } f(x_1) + f(x_2) = x_1^2 + x_2^2$$

不成立。

此外，$g(x) = \sin x$ 也因為

$$g(x_1 + x_2) = \sin(x_1 + x_2) \text{ 與 } g(x_1) + g(x_2) = \sin x_1 + \sin x_2$$

不成立，所以不具備線性性質。其實非線性的例子遠遠多於線性的例子。

話說回來，非線性的例子也不是與線性代數沒有半點關係，說得更正確一點，在分析非線性的事物時，往往會讓非線性的事物迴歸或趨近線性。比方說，在物理常見的 $\sin x \fallingdotseq x$ 就是其中一例，也常讓 $g(x) = \sin x$ 這種非線性函數趨近 $h(x) = x$ 這種線性函數，所以在處理非線性的事物時，線性反而更顯得重要。

## 1.4. 基底

請大家回想一下高中數學的向量。

當 $\vec{e} = \begin{pmatrix} 1 \\ 0 \end{pmatrix}$、$\vec{f} = \begin{pmatrix} 0 \\ 1 \end{pmatrix}$，不管是哪個平面向量。

$\vec{p} = \begin{pmatrix} s \\ t \end{pmatrix}$，一定可利用 $\vec{e}$ 與 $\vec{f}$ 整理成

$$\vec{p} = s\vec{e} + t\vec{f} \qquad \cdots\cdots ⑤$$

意思是，$\vec{p}$ 為在 $x$ 軸方向前進 1
的向量 $\vec{e}$ 的 $s$ 倍，以及在 $y$ 軸前進
1 的向量 $\vec{f}$ 的 $t$ 倍的總和。

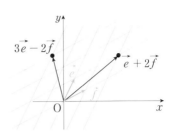

　　像⑤這種描述向量實數倍總
和時的 $\vec{p}$ 就是 $\vec{e}$ 與 $\vec{f}$ 的 線性組
合。

　　接著讓我們試著改變 $\vec{e}$ 與 $\vec{f}$。例如 $\vec{e} = \begin{pmatrix} 1 \\ 2 \end{pmatrix}$、$\vec{f} = \begin{pmatrix} 2 \\ 1 \end{pmatrix}$，則
下列公式就會成立。

$$\begin{pmatrix} 5 \\ 4 \end{pmatrix} = \vec{e} + 2\vec{f} \ , \ \begin{pmatrix} -1 \\ 4 \end{pmatrix} = 3\vec{e} - 2\vec{f}$$

上述的公式經過標準化之後，任向向量 $\begin{pmatrix} s \\ t \end{pmatrix}$ 都可以整理成下列
的線性組合。

$$\begin{pmatrix} s \\ t \end{pmatrix} = \frac{-s + 2t}{3}\vec{e} + \frac{2s - t}{3}\vec{f}$$

　　不過，這不代表只要是 $\vec{e}$ 與 $\vec{f}$ 的兩個平面向量，就一定都
能以線性組合描述所有的平面向量。

　　例如，當 $\vec{e} = \begin{pmatrix} 1 \\ 2 \end{pmatrix}$、$\vec{f} = \begin{pmatrix} 2 \\ 4 \end{pmatrix}$，此時 $\begin{pmatrix} 3 \\ 1 \end{pmatrix}$ 再怎麼處理，也不可

能以上述的 $\vec{e}$ 與 $\vec{f}$ 整理成線性組合的形式。這點在幾何學可如

下解釋。由於 $\vec{e}$ 與 $\vec{f}$ 是同方向的向量，所
以不管乘以多少實數倍，也不管如何相
加，都只能呈現該向量以及平行方向的向
量。換言之，$\vec{e}$ 與 $\vec{f}$ 的線性組合只能呈現
$\begin{pmatrix} k \\ 2k \end{pmatrix}$（$k$ 為實數）的向量。

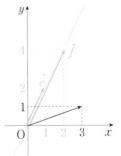

　　經過整理之後，可得到下列的結論。

定理4. 平面向量的基

假設 $\vec{e}$ 與 $\vec{f}$ 是不為 $\vec{0}$ 的平面向量。此時

① 當 $\vec{e}$ 與 $\vec{f}$ 不為平行，任何平面向量都可利用 $\vec{e}$ 與 $\vec{f}$ 的線性組合（但只有一種方法）呈現。

② 當 $\vec{e}$ 與 $\vec{f}$ 為平行（方向相同或相反），能以 $\vec{e}$ 與 $\vec{f}$ 的線性組合呈現的平面向量只限於與 $\vec{e}$、$\vec{f}$ 平行的向量。

定義 5.　 定理4 的①的 $\vec{e}$ 與 $\vec{f}$ 稱為基底。

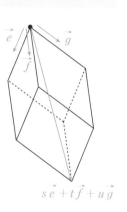

$s\vec{e}+t\vec{f}+u\vec{g}$

　　重點在於，不管是何種平面向量，只要妥善選擇 $\vec{e}$ 與 $\vec{f}$ 向量，就能利用這兩個向量的線性組合呈現。同理可證，不管是何種空間向量，只要慎選 $\vec{e}$、$\vec{f}$、$\vec{g}$ 這三個向量（不在同一平面，且不為 $\vec{0}$ 的向量），都能利用這三個向量的線性組合 $s\vec{e}+t\vec{f}+u\vec{g}$ 呈現。這三個特定的向量也一樣稱為基底。平面之所以被稱為二維，空間被稱為三維，就源自組成基底的向量個數。

　　若進一步將這個性質擴張至 $n$ 維向量，那麼由 $n$ 個數排列而成的 $\begin{pmatrix} p_1 \\ p_2 \\ \vdots \\ p_n \end{pmatrix}$ 稱為 $n$ 維向量，也同樣可對每個成分進行加法或是乘以實數倍。只要慎選 $n$ 個向量，就能利用特定的 $n$ 個向量的線性組合呈現 $n$ 維向量。

　　這個「基底」的概念在線性代數 [※1] 之中非常重要。意思是，線性的現象由「基底控制」。接下來讓我們一起觀察更多具體的例子吧。

## 1.5.　向量空間

　　一如由向量組成的集合，有加法與乘以實數倍這兩種運算方式，以及滿足結合律與交換律這類基本性質的集合稱為 向量空間（線性空間）。在數學的世界很常提到「空間」這個詞。我們平常認知的「空間」通常是一種對於圖形的想像，但是數學世界的「空間」則是「具有某種構造的集合」，比方說，這次介紹的向量空間則是「具有演算構造的集合」。說得更清楚一點，研究各種「空間」正是數學的研究目的之一。

　　在這次介紹的向量空間之中，平面向量或空間向量的集合以

$$\mathbb{R}^2 = \left\{ \begin{pmatrix} s \\ t \end{pmatrix} \middle| s,\ t\ 是實數 \right\}, \quad \mathbb{R}^3 = \left\{ \begin{pmatrix} s \\ t \\ u \end{pmatrix} \middle| s,\ t,\ u\ 是實數 \right\}$$

為代表（同理可證，$n$ 維向量的集合也具有相同性質）。除了這種「向量」之外，具有加法與乘以實數倍這兩種運算方式，且滿足多個基本性質的集合也是向量空間。

　　比方說，下列這種三次方以下的多項式集合

$$P = \{ax^3 + bx^2 + cx + d \mid a,\ b,\ c,\ d\ 為實數\}$$

就是向量空間。加法與乘以實數倍的運算與一般的多項式相

---

※1　此外「線性代數」通常只處理有限維度（$n$ 為有限）的問題。無限維度的向量將於泛函分析學（第21節）介紹。

同，可進行下列的運算。

$$(2x^3 + x^2 + 1) + (2x^2 - 2x) = 2x^3 + 3x^2 - 2x + 1$$
$$k(2x^3 + x^2 + 1) = 2kx^3 + kx^2 + k（k 為實數）$$

或許大家會覺得將 $P$ 稱為「向量」空間有點怪怪的，但是從多

項式 $ax^3 + bx^2 + cx + d$ 取出係數，再排列成向量 $\begin{pmatrix} a \\ b \\ c \\ d \end{pmatrix}$，就會覺

得多項式與向量十分相似。

　　不過，$x^3$、$x^2$、$x$、1 本身也是多項式（單項式），而屬於 $P$ 的任何多項式 $ax^3 + bx^2 + cx + d$ 也都可以透過 $x^3$、$x^2$、$x$、1 的線性組合

$$ax^3 + bx^2 + cx + d = a(x^3) + b(x^2) + c(x) + d \cdot 1$$

呈現。換言之，$x^3$、$x^2$、$x$、1 是 $P$ 的基底。只要慎選 $x^3$、$x^2$、$x$、1 這四個特別的多項式，就能以這些多項式的線性組合呈現 $P$ 的所有多項式。這也與線性代數的「由基底控制」的特徵完全吻合。雖然這是理所當然的，但在線性代數的世界裡，卻具有相當重要的意義。

## 1.6.　線性映射

　　眾所周知，線性函數，也就是線性映射的定義如下。

> **定義 6.** **當 $g$ 為向量空間映射至另一個向量空間的映射**
> ①　$g(\vec{x} + \vec{x'}) = g(\vec{x}) + g(\vec{x'})$
> ②　$k$ 為實數且滿足 $g(k\vec{x}) = k \cdot g(\vec{x})$，就稱為 線性映射。

接下來要透過三個例子說明線性映射的特徵。

就讓我們以一開始的例子來說明。購買紅布與藍布時，讓價格 $\begin{pmatrix} x_1 \\ x_2 \end{pmatrix}$ 與個別的長度 $g\begin{pmatrix} x_1 \\ x_2 \end{pmatrix}$ 對應的映射稱為線性映射。假設紅布買 $x_1[\text{m}]$，藍布買 $x_2[\text{m}]$，那麼總價當然是由紅布 $1[\text{m}]$ 的價格 $g\begin{pmatrix} 1 \\ 0 \end{pmatrix}$ 與藍布 $1[\text{m}]$ 的價格 $g\begin{pmatrix} 0 \\ 1 \end{pmatrix}$ 決定，也可整理成下列的公式：

$$g\begin{pmatrix} x_1 \\ x_2 \end{pmatrix} = x_1 \cdot g\begin{pmatrix} 1 \\ 0 \end{pmatrix} + x_2 \cdot g\begin{pmatrix} 0 \\ 1 \end{pmatrix}$$

若套用前面的範例，可得到下列的結果：

$$g\begin{pmatrix} 1 \\ 0 \end{pmatrix} = 600 , \quad g\begin{pmatrix} 0 \\ 1 \end{pmatrix} = 500$$

此時的 $\begin{pmatrix} 1 \\ 0 \end{pmatrix}$ 與 $\begin{pmatrix} 0 \\ 1 \end{pmatrix}$ 就是二維向量空間 $\mathbb{R}^2$ 的基底。只要作為基底的價格，也就是紅布 $1[\text{m}]$ 的價格與藍布 $1[\text{m}]$ 的價格確定，任何買法的價格也會跟著固定下來。從這點便可知道，連線性映像也是「由基底控制」。

接著想請大家回想一下在高中數學學過的微分。假設 $y = x^3 + 2x^2 - 4x$，其微分就會是：

$$y' = (x^3)' + 2(x^2)' - 4(x)' = 3x^2 + 4x - 4$$

大家可把這個計算過程看成將每個 $x^n$ 微分成 $(x^n)' = nx^{n-1}$，之後再執行加法或是乘以實數倍的方式計算。之所以可如此進行計算，在於微分具有線性性質。

剛剛由低於三維的多項式組成的向量空間 $P$ 是將 $x^3$、$x^2$、$x$、$1$ 當成基，而這些基底可透過「微分」這種線性映射分別轉換成 $3x^2$、$2x$、$1$、$0$。先思考這些基底的去向，之後再進行加法

或是乘以實數倍即可的計算過程稱為線性映射，這也意味著，微分可依照前面介紹的方法進行計算，這也是線性映射的「由基底控制」的例子之一。

$$y = \ x^3 \ + \ 2 \quad x^2 \ - \ 4 \quad x$$
$$y' = \ 3x^2 \ + \ 2 \cdot 2x \ - \ 4 \cdot 1$$

最後讓我們一起思考將平面向量投射至另一個平面向量的線性映射 $g$。

眾所周知，以原點為中心，讓向量旋轉固定角度的映射就是線性映射。例如讓平面向量以原點為中心，沿著逆時針方向旋轉 $120°$ 的映射為 $g$，則向

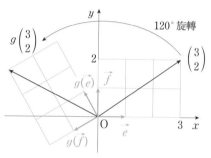

量 $\begin{pmatrix} 3 \\ 2 \end{pmatrix}$ 旋轉之後的向量是什麼呢？若要直接計算會非常麻煩，但若是用「基底」來計算，就相對簡單得多。假設 $\vec{e} = \begin{pmatrix} 1 \\ 0 \end{pmatrix}$、$\vec{f} = \begin{pmatrix} 0 \\ 1 \end{pmatrix}$ 為平面向量的基底，那麼可得到下列的結果。

$$\begin{pmatrix} 3 \\ 2 \end{pmatrix} = 3\vec{e} + 2\vec{f}$$

讓 $\vec{e}$ 旋轉 $120°$ 後，則 $g(\vec{e}) = \begin{pmatrix} -\dfrac{1}{2} \\ \dfrac{\sqrt{3}}{2} \end{pmatrix}$，讓 $\vec{f}$ 旋轉 $120°$ 後，則 $g(\vec{f}) = \begin{pmatrix} -\dfrac{\sqrt{3}}{2} \\ -\dfrac{1}{2} \end{pmatrix}$，用圖形思考會比較簡單易懂。因此可得出

$$g\begin{pmatrix} 3 \\ 2 \end{pmatrix} = g(3\vec{e} + 2\vec{f})$$

$$= g(3\vec{e}) + g(2\vec{f}) \quad （\textbf{根據}\ 定義6\ ①）$$

$$= 3g(\vec{e}) + 2g(\vec{f}) \quad （\textbf{根據}\ 定義6\ ②）$$

$$= 3\begin{pmatrix} -\dfrac{1}{2} \\ \dfrac{\sqrt{3}}{2} \end{pmatrix} + 2\begin{pmatrix} -\dfrac{\sqrt{3}}{2} \\ -\dfrac{1}{2} \end{pmatrix}$$

$$= \begin{pmatrix} -\dfrac{3}{2} - \sqrt{3} \\ \dfrac{3\sqrt{3}}{2} - 1 \end{pmatrix}$$

　　這就是先讓基底旋轉 $120°$，之後再進行加法與乘以實數倍的計算，也等於使用了線性映射的「由基底控制」的性質。

## Essential Points on the Map

☑ **代數學**⋯考察運算方式固定的體系（代數系）的學問。

· **線性代數**⋯加法（與減法）與乘以實數倍這兩種運算方式。處理被稱為「向量空間」這種代數體系的領域。

→ 其他的代數體系還包含群（ 第2項 ）、環（ 第3項 ）、體（ 第4項 ）。

| 代數體系 | 向量空間 | 群 | 環 | 體 |
|---|---|---|---|---|
| 運算方式 | 加減法、實數倍 | 一個運算方式（加減） | 加減乘法 | 加減乘除法 |
| 例子 | 平面向量全體 | 對稱群 | 整數全體 | 有理數全體 |

☑ **線性性質**⋯標準化「比例」的意思。擁有線性性質的映射（函數）稱為「線性映射」。

考察「向量空間」與向量空間之間的「線性映射」的學問稱為線性代數。

→ 數學世界常常考察具有某種構造的「空目」以及擁有該構造的「映射」！

〔這個框架會因範疇論（ 第25項 ）而被一般化〕

# 群論
## Group Theory

## 2.1. 對稱性

　　讓正三角形 ABC 翻面或是旋轉，同時讓頂點與邊完全重疊的方法總共有幾種呢？比方說，如下讓這個三角形沿著逆時針方向旋轉 $120°$ 就是其中一種方法。

　　原本是 A 的位置變成 C，原本是 B 的位置變成 A，原本是 C 的位置變成 B。假設我們將這種操作命名為 $X$。

　　執行 $X$ 操作兩次，這個三角形就會沿著逆時針方向旋轉 $240°$。由於執行了兩次 $X$ 操作，所以就用 $X^2$ 來表示。

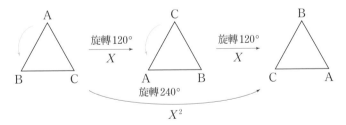

　　除了上述的旋轉，還有沿著垂直軸翻轉的軸對稱操作。此時只有 A 的位置不變，B 與 C 的位置互換。假設我們將這種操作稱為 $Y$。

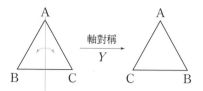

　　那麼還有哪些操作呢？比方說，可讓 B 留在原地，只有 A
與 C 互換位置，而這種操作只須要讓三角形沿著逆時針方向旋
轉 $120°$（$X$），再進行垂直方向的軸對稱移動（$Y$）就能實現。
由於這種操作先執行了 $X$ 再執行 $Y$，所以稱為 $XY$ 操作。同理
可證，讓 C 留在原地，再讓 $A$ 與 $B$ 互換位置的操作只須要讓三
角形沿著逆時針旋轉 $240°$（$X^2$），再進行垂直方向的軸對稱移
動（$Y$）就能實現，所以這個操作以 $X^2Y$ 表現。最後讓我們將
三個頂點都不移動的操作視為操作之一，然後將這種操作命名
為「1」。

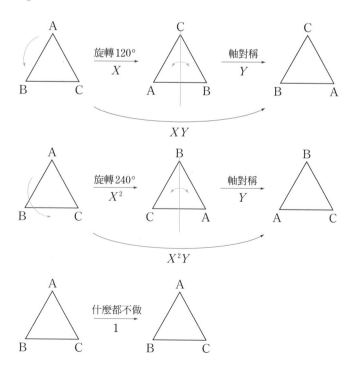

　　這就是所有可行的操作，因為頂點 A、B、C 的排列組合只有 3！＝6 種，而剛剛已經全部出現了。包含這 6 種操作的集合就稱為

$$S_3 = \{1, X, X^2, Y, XY, X^2Y\}$$

　　這個 $S_3$ 也可以進行「乘法」。假設將 $S_3$ 的 6 種操作的其中 2 種視為 $P$ 與 $Q$（是相同的操作也無妨），並且將執行操作 $P$ 再執行操作 $Q$ 視為 $P$ 與 $Q$ 的乘法 $PQ$。前面將連續執行 2 次 $X$ 寫成 $X^2$，以及將執行 $X$ 之後再執行 $Y$ 的操作寫成 $XY$，也都是一種「乘法」。至於 $YX$ 則代表在 $Y$ 之後執行 $X$ 的意思。從下面的圖說可以發現，$YX$ 與 $X^2Y$ 的結果相同，所以 $YX = X^2Y$ 的關係式成立。

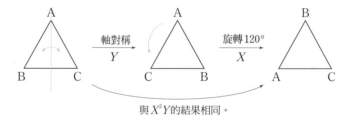

與 $X^2Y$ 的結果相同。

　　這種具有一種運算方式，而該運算符合多種性質的集合稱為群。正確來說，群具有下列的定義。

> **定義 7.**　不為空集合的集合 $G$ 擁有一種運算方式 $*$，且滿足下列三個性質時，集合 $G$ 稱為群。
>
> （1）結合律　$G$ 的所有元素 $P$、$Q$、$R$ 滿足
>
> $$(P * Q) * R = P * (Q * R)$$

（2）單位元素的存在　假設有個 1 這個特別的 $G$ 的元素，
且滿足下列性質：

$G$ 的所有元素 $P$ 滿足 $P*1=1*P=P$

（3）反元素的存在　$G$ 的所有元素 $P$ 都有 $P^{-1}$ 這個元素

$$P*P^{-1}=P^{-1}*P=1$$

　　如果如前述，將 $*$ 視為「持續進行操作」，$S_3$ 就是群（之後都省略 $*$ 的部分）。接著讓我們一邊具體說明，一邊了解 定義7。

（1）假設 $S_3$ 有三個操作 $P$、$Q$、$R$，而「在 $P$ 之後先執行 $Q$，再執行 $R$」與「在 $P$ 之後，才執行 $Q$ 與 $R$」相等。這就是結合律。

（2）假設 $S_3$ 有一個什麼都不做的操作 1，那麼不管這個操作擺在哪個操作的前後，都不會產生任何改變。比方說，將 1 擺在 $X$ 後面或是前面，$X$ 還是 $X$，不會有任何改變。將這個過程寫成乘法，可得到 $X1=1X=X$。這個操作 1 與數字 1 扮演的角色可說是完全一致對吧（所以才故意命名為 1）。這種操作 1 就稱為單位元素，群必須具備這種單位元素。

（3）$S_3$ 具有各種操作，其中也包含倒放這種操作。比方說，讓三角形沿著逆時針方向旋轉 $120°$ 的操作 $X$ 的反向操作，就是讓三角形沿著順時針方向旋轉 $120°$ 的操作。由於這與讓三角形逆時針旋轉 $240°$ 的結果一樣，所以 $X$ 的反向操作就是 $X^2$，操作 $P$ 的反向操作若寫成 $P^{-1}$，就意味著

$X^{-1}=X^2$。在 $P$ 之後進行 $P$ 的反向操作，或是在 $P$ 的反向操作之後執行 $P$，與什麼都不做的操作 $1$ 相等，所以 $PP^{-1}=P^{-1}P=1$。這與算術的公式非常類似。這種反向操作在群稱為反元素，而群必須具有每個元素有反元素的性質。

這種排列 $n$ 個文字的操作稱為置換，這次的 $S_3$ 就是擁有三個文字所有置換方式的群，所以又稱為（三維的）對稱群。

正三角形是具有對稱性的圖形，也因為正三角形具有各種對稱性，所以才會出現 6 種與原始圖形完全重疊的移動方式。這種移動方式，也就是 $S_3$ 這個群表現了正三角形的對稱性。

## 2.2.　群的構造

在數學世界之中，最基本的考察對象是「集合」。集合本身就是一種構造，而數學的世界裡，在集合加入某種「構造」然後再一併研究，也是研究目的之一。比方說，群就是在集合加入一種運算。向量空間則是在集合加入加法與實數倍這種運算方式（構造）。這種將運算方式視為構造，再加入集合之中的研究領域就稱為代數學。

接下來為了解說群的運算構造，要介紹克萊因四元群。這是在由四個元素組成的集合 $\{1, a, b, c\}$ 定義了下表的運算方式的群（單位元素為 1）。

| ＊ | 1 | $a$ | $b$ | c |
|---|---|---|---|---|
| 1 | 1 | $a$ | $b$ | c |
| $a$ | $a$ | 1 | $c$ | $b$ |
| $b$ | $b$ | $c$ | 1 | a |
| $c$ | $c$ | $b$ | $a$ | 1 |

這張表的意思是 $a＊a＝1$、$a＊b＝c$、$a＊c＝b$ 這類乘法成立。

$\{1, a, b, c\}$ 或許很抽象，但可利用下列表現來了解克萊因四元群。讓我們來思考 $(1, 1)$、$(-1, 1)$、$(1, -1)$、$(-1, -1)$ 這 1 與 -1 組成的四個配對。由這四個元素組成的集合

$$\{(1, 1)、(-1, -1)、(1, -1)、(-1, -1)\}$$

定義兩兩相乘的乘法。比方說：

$$(-1, -1)＊(1, -1)＝(-1 \cdot 1, (-1) \cdot (-1))＝(-1, 1)$$

就是其中一個例子（·是一般的乘法）。

這個群的運算方式如下表所示。

| ＊ | $(1, 1)$ | $(-1, 1)$ | $(1, -1)$ | $(-1, 1)$ |
|---|---|---|---|---|
| $(1, 1)$ | $(1, 1)$ | $(-1, 1)$ | $(1, -1)$ | $(-1, -1)$ |
| $(-1, 1)$ | $(-1, 1)$ | $(1, 1)$ | $(-1, -1)$ | $(1, -1)$ |
| $(1, -1)$ | $(1, -1)$ | $(-1, -1)$ | $(1, 1)$ | $(-1, 1)$ |
| $(-1, -1)$ | $(-1, -1)$ | $(1, -1)$ | $(-1, 1)$ | $(1, 1)$ |

大家發現了嗎？這與克萊因四元群 $\{1, a, b, c\}$ 的運算表非常類似。換言之只要想成

1 與 $(1, 1)$、$a$ 與 $(-1, 1)$、$b$ 與 $(1, -1)$、$c$ 與 $(-1, -1)$

對應即可，運算模式是相同的。此時這兩群就稱為同構。從集合的角度來看，$\{1, a, b, c\}$ 與 $\{(1, 1),(-1, 1),(1, -1),$

第 2 項

群論

$(-1,-1)\}$ 的元素雖然不同，但是運算模式相同，所以從群的角度來看，兩者是相同的群。

這兩個群都由四個元素組成，所以當元素的數為 $n$，思考以 $n$ 個元素組成的集合具有群的哪種運算模式，是群論的基本題目。

比方說，由四個元素組成的集合有可能具有下列的運算模式，而這就是在以 $i$ 為虛數單位的集合 $\{1,\ i,-1,\ -i\}$ 加入一般的複數乘法「・」的意思。

| ・ | 1 | $i$ | $-1$ | $-i$ |
|---|---|---|---|---|
| 1 | 1 | $i$ | $-1$ | $-i$ |
| $i$ | $i$ | $-1$ | $-i$ | 1 |
| $-1$ | $-1$ | $-i$ | 1 | $i$ |
| $-i$ | $-i$ | 1 | $i$ | $-1$ |

這與克萊因四元群的運算模式明顯不同。以克萊因四元群的運算而言，如果兩個一樣的東西乘 2 次，一定會得到單位元素 1 的結果，但是就上述集合的乘法來看，同樣的數連乘 2 次，$i \cdot i$ 只會得到 $-1$，不會得到單位元素 1。$i$ 必須連乘 4 次才會等於 1，而克萊因四元群沒有這種元素。這意味著這兩個群組運算模式不同，也代表這兩個群不一樣。其實目前已知的是，元素為四個的群只有這兩種模式。

了解元素數量不同的群的運算模式，也就是替群「分類」，是群論的一大主題。其中也有被稱為「有限單純群[※1]」的分

---

※1 「單純」並非「構造簡單」的意思，比較接近「無法繼續分解」的意思。

類，在 20 世紀後半，許多數學家都很積極研究這種群的分類。據說證明這種分類的論文有厚達一萬頁，從漫長的數學歷史來看，可說是非常重要的結果之一。

## 2.3.　群的作用

　　一如前述，代數學這門學問是在觀察集合的運算方式，所以當然對群具有何種運算構造感興趣。一如剛剛 $S_3$ 這個群描述了正三角形轉換種類，群常常被視為對某種對象產生的作用，而這就稱為群作用。$S_3$ 可說是對正三角形（的三個頂點）作用，以及透過排列正三角形的頂點，呈現了正三角形的對稱性。

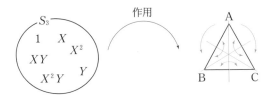

　　除此之外，也有對 $x^3-2=0$ 這類方程式的解作用的群。伽羅瓦（Galois，1811－1832）在思考這種群（伽羅瓦群）之後，證明了五次方以上的方程式沒有公式解的定理（ 定理20 ）。這部分將在體論（ 第4項 ）進一步說明。

## 2.4.　群的應用範例

　　群也應用於化學。比方說，三氟化硼（$BF_3$）這種物質的分子具有三個氟位於正三角形的頂點，以及硼位於重心的構造。由於這種分

子的結構正好是三角形，就可利用 $S_3$ 描述對稱性。這種分子構造的對稱性會對極性這類化學性質造成影響，所以要了解這類化學性質就會用到群論。

此外，社會人類學也有應用群論的例子。提倡結構主義的李維史陀（Claude Lévi−Strauss）與數學家韋伊（Weil，1906−1998）一起研究了澳洲某個部落的婚姻規則，而這個部落的婚姻規則居然潛藏著群這種構造。這些部落的人民當然不知道什麼叫做群論，也不可能在自己的婚姻規則套用群論，是透過現代數學才知道能如此解釋他們的婚姻規則。這可以說是數學在「構造」方面的研究於社會科學中應用的範例。

線性代數（第1項）介紹的向量空間具有加法以及實數倍這兩種運算方式，而本節介紹的群只有一種運算方式，所以定義非常單純，但也因為限制較少，所以構造很多彩多姿，一直以來都有許多人研究這種構造的模式。此外，群會對各種對象「作用」，描述該對象的對稱性。

本書除了介紹伽羅瓦群（4.2）與基本群（11.4）之外，還會介紹應用在其他領域的各種群。

第2項

群論

# 環論
## Ring Theory

　所謂的群是只有一個運算方式，且是結合律以及幾個基本性質成立的體系，而環則是具有兩種運算方式，且滿足幾種性質的體系。

## 3.1.　環的定義

> **定義 8.**　不為空集合的集合 $R$ 具有 ＋ 與 × 這兩種運算方式，而且滿足下列 5 種性質時，這個集合 $R$ 就是環。在此，將下列性質之中的 $a$、$b$、$c$ 都假設為集合 $R$ 的元素。
>
> （1）結合律　＋ 與 × 的結合律成立：
>
> 　　所有的 $a$、$b$、$c$ 都滿足下列規律
>
> 　　$(a+b)+c = a+(b+c)$、$(a×b)×c = a×(b×c)$
>
> （2）交換律　運算方式 ＋ 的交換律成立：
>
> 　　所有的 $a$、$b$ 都滿足下列規律
>
> 　　$a+b = b+a$
>
> （3）分配律　運算方式 ＋ 與 × 的分配律成立：
>
> 　　所有的 $a$、$b$、$c$ 都滿足下列規律
>
> 　　$a×(b+c) = a×b+a×c$、$(a+b)×c = a×c+b×c$
>
> （4）單位元素　運算方式 ＋ 與 × 都有單位元素：
>
> 　　具有特別的 $R$ 的元素 $0$、$1$，而且
>
> 　　所有 $a$ 都符合 $a+0 = 0+a = a$，
>
> 　　所有 $a$ 都符合 $a×1 = 1×a = a$

（5）＋的反元素　**運算方式 ＋ 有反元素：**

所有的 $a$ 都有元素 $-a$，且

$$a + (-a) = (-a) + a = 0$$

　　雖然還有很多瑣碎的條件，但重點在於運算方式 × 沒有反元素也沒關係這點，意思是，只要具備加法、減法、乘法，不須要具備除法。

●例 9.

● 整數 $\mathbb{Z}$ 可以進行加法、減法與乘法，滿足前述提到的性質，所以屬於環這種體系。

● 有理數 $\mathbb{Q}$ 與實數 $\mathbb{R}$ 也同樣屬於環，而且也具備除法，所以也屬於後續介紹的體。

● 除了上述那些環，還有多項式組成的環。

$$a_n x^n + a_{n-1} x^{n-1} + a_{n-2} x^{n-2} + \cdots + a_1 x + a_0 \qquad \cdots\cdots ①$$

（$n$ 為大於等於 0 的整數，$a_n, a_{n-1}, \cdots, a_0$ 為實數）

上述這種型態的算式稱為（與 $x$ 有關實數係數的）多項式。可如下列的方式進行加法、減法與乘法。

$$(2x + 1) + (x^2 - 3x + 2) = x^2 - x + 3,$$
$$(2x + 1) - (x^2 - 3x + 2) = -x^2 + 5x - 1,$$
$$(2x + 1) \times (x^2 - 3x + 2) = 2x^3 - 5x^2 + x + 2$$

不過，卻無法進行除法，因為以 $x^2 - 3x + 2$ 除以 $2x + 1$，的 $\dfrac{2x + 1}{x^2 - 3x + 2}$ 無法整理成①的形式。這種由 $x$ 的實係數單變數多項式組成的環可寫成 $\mathbb{R}[x]$，也稱為多項式環。

第 3 項

環論

　　不過，在環的定義中，乘法 × 不須滿足交換律，但是整數 $\mathbb{Z}$ 或是多項式的乘法滿足交換律。例如下列的公式就成立：

$$(2x+1) \times (x^2-3x+2) = (x^2-3x+2) \times (2x+1)$$
$$= 2x^3-5x^2+x+2$$

這種環就稱為交換環。另一方面，乘法交換律不成立的環稱為非交換環。交換環與非交換環都很重要，但就歷史來看，各有各的起源，兩者為並行發展。接著來了解兩者的歷史。

## 3.2. 交換環論

　　交換環論是處理代數整數的代數數論，源自處理多項式的代數幾何學與不變量理論。

### ≫ 3.2.1. 代數數論

　　整數 $\mathbb{Z}$ 屬於環（●例9），從整數擴張而來的高斯整數（≫5.1.1）全體也同樣屬於環，所以在思考整數的擴張時，就是在思考環的擴張。隨著代數整數（ 定義21 ）的研究持續發展，開始有人思考起「質因數分解」的一般化概念，或是導入「理想」（ideal）這個概念，環的概念也慢慢形成。代數數論會於 5.1 進一步介紹。

### ≫ 3.2.2. 代數幾何學

　　代數幾何學是處理拋物線 $x^2-y=0$（亦即 $y=x^2$）這類在座標平面（空間之內）之內，可透過「多項式 =0」呈現的圖形的幾何學。這類圖形的幾何學性質與環的代數性質息息相關，

甚至代數幾何學與交換環論更是一體兩面的關係。代數幾何學的內容會於 第6項 進一步介紹。

## ›› 3.2.3. 不變量理論

就歷史來看，與方程式判別式有關的討論是不變量理論的起源，但本書要討論的是與對稱式有關的不變量理論。

在 $x$、$y$ 的多項式中，$x$ 與 $y$ 互換也相等的式子稱為對稱式。

● 例 10.

- $x^3 + xy + y^3$ 的 $x$ 與 $y$ 互換位置後為 $y^3 + yx + x^3$，這與原本的 $x^3 + xy + y^3$ 相等，所以 $x^3 + xy + y^3$ 就是所謂的對稱式（對稱多項式）。

- $x^3 + xy - y^3$ 的 $x$ 與 $y$ 互換位置後為 $y^3 + yx - x^3$，但這與原本的 $x^3 + xy + y^3$ 不相等，所以 $x^3 + xy - y^3$ 不是對稱式。

那麼，對稱多項式有哪些種類呢？其中包含了下列高中數學也介紹過的知名定理：

> 💡 | 定理11.（二元）對稱式的基本定理
>
> 假設 $s = x + y$、$t = xy$，那麼 $x$、$y$ 的對稱式一定能以 $s$、$t$ 的多項式表現。

● 例 12

● $x^3 + xy + y^3$ 為對稱式，可表示為：

　　$x^3 + xy + y^3 = (x+y)^3 - 3xy(x+y) + xy = s^3 - 3st + t$

● $x^3 y + xy^3 - 2$ 也是對稱式，可表示為：

　　$x^3 y + xy^3 - 2 = xy(x+y)^2 - 2(xy)^2 - 2 = s^2 t - 2t^2 - 2$

接著來思考三元多項式。假設在 $x$、$y$、$z$ 的多項式中，$x$、$y$、$z$ 的其中兩個互換位置也能得到相等的式子，此多項式就稱為 $x$、$y$、$z$ 的對稱式。二元多項式也有一樣的定理。

> 💡 定理 13.（三元）對稱式的基本定理
>
> 假設 $u = x + y + z$、$v = xy + yz + zx$、$w = xyz$，那麼 $x$、$y$、$z$ 的對稱式一定能以 $u$、$v$、$w$ 的多項式表現。

● 例 14.

$x^3 + y^3 + z^3$ 為 $x$、$y$、$z$ 的對稱式。可如下以 $u$、$v$、$w$ 的多項式表現：

$$x^3 + y^3 + z^3 = (x+y+z)^3 - 3(x+y+z)(xy+yz+zx) + 3xyz$$
$$= u^3 - 3uv + 3w$$

讓 $x$、$y$、$z$ 這三元互換位置等於是讓 $S_3$（ 2.1 ）作用，因為將 2.1 的 A、B、C 換成 $x$、$y$、$z$ 之後，A、B、C 三個頂點的移動等於 $x$、$y$、$z$ 的互換位置。

●例 15.

例如：2.1 的 $X$ 置換是將原本為 A 的位置換成 C，原本為 B 的位置換成 A，原本為 C 的位置成 B，假設讓 A、B、C 分別與 $x$、$y$、$z$ 對應，就等於 $x$ 換成 $z$、$y$ 換成 $x$、$z$ 換成 $y$。若以實例說明，就是下列的置換過程（→代表轉換）

$$2x^3 + y^2 - xz \mapsto 2z^3 + x^2 - zy$$

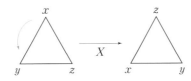

$x$、$y$、$z$ 其中兩個互換位置也不會改變的多項式稱為對稱式，這種定義也可說成不會因為 $S_3$ 的各種置換而改變的 $x$、$y$、$z$ 的多項式。因此，當（某種）群對多項式作用，該多項式不會因為群的作用而改變就稱為不變量式。不變量式彼此加、減、乘也是不變量式，與某個群的作用對應的所有不變量式就是環。

一如 $x$、$y$ 的對稱式可透過 $s=x+y$、$t=xy$ 的多項式表現，或 $x$、$y$、$z$ 的對稱式可用 $u=x+y+z$、$v=xy+yz+zx$、$w=xyz$ 的多項式表現，性質可以「對稱式具有透過多個固定元素的多項式呈現」來表現。

「群的不變量式一定可利用多個固定元素 $f_1, f_2, \cdots, f_n$ 的多項式呈現嗎？」是不變量式的基本問題，而這部分與希爾伯特的第 14 個問題 [※1] 息息相關，最終由在環論屢屢締造佳績的永田雅宜（1927－2008）予以否定。

## 3.3.　線性範例

接著一起來了解非交換環的起源。

複數是以兩個實數 $a$、$b$ 寫成 $a+bi$ 的數，其中的虛數單位 $i$ 符合 $i^2=-1$ 的性質。複數的加法或乘法可透過結合律與分配律，整理成下列定義：

$$(a+bi)+(c+di)=(a+c)+(b+d)i、$$

$$(a+bi)(c+di)=(ac-bd)+(ad+bc)i$$

複數 $\mathbb{C}$ 具有這種環的性質，而且也有實數倍這種向量空間的性質 [2]。

漢密爾頓爵士（Hamilton，1805－1865）曾經思考三個實數 $a$、$b$、$c$ 組成的集合 $a+bi+cj$（$i$ 為虛數單位，$j$ 為新追加的數），是否滿足結合律或分配律。此時的問題在於 $j×j$ 或是 $i×j$ 會成為什麼樣的值。如果能沒有矛盾地定下這些值，就能找到符合條件的集合，可惜的是，在必須符合結合律或分配律的情況下，無法順利定義這些值。

雖然在三個實數的情況下無法成功，但是漢密爾頓爵士卻在四個實數的時候找到符合的值，那就是四元數。四元數就是利用四個實數 $a$、$b$、$c$、$d$ 寫成 $a+bi+cj+dk$ 的數。其中的 $i$、$j$、$k$（與一般的虛數單位相同）滿足 $i^2=j^2=k^2=-1$ 的條件，其中任兩個數的積具有下列的定義：

---

[1]　希爾伯特（Hillbert，1862－1943）於1900年巴黎國際數學家會議提出了該於20世紀解決的23個問題。這就是其中之一。

[2]　$\mathbb{C}$ 就是從 p.49 之後介紹的「體」。

| · | i | j | k |
|---|---|---|---|
| i | $-1$ | $k$ | $-j$ |
| j | $-k$ | $-1$ | $i$ |
| k | $j$ | $-i$ | $-1$ |

兩個四元數的積可透過結合律與分配律進行計算。比方說

$$(1+2i)(3j+4k)=3j+4k+6ij+8ik$$
$$=3j+4k+6k-8j=10k-5j$$

要注意的是，

$$ij=k\neq-k=ji$$

所以四元數的乘法交換律不成立。

　　假設 $c=d=0$，就會變成以 $a+bi$ 呈現的數，也就是一般的複數。因此，四元數也被稱為複數擴張之後的數，但是在經過擴張之後，就失去了乘法交換律的性質。

　　自漢密爾頓爵士發現四元數之後，便發現許多新的代數體系（具有運算模式的集合），而且這些代數體系都與已知的數的體系擁有類似性質。例如線性代數（ 第1項 ）中重要的矩陣（本書未及說明）就是其中之一。在考察這類重要性質之後，就漸漸衍生出這些性質的代數體系，最終才產生了非交換環這種抽象的概念。

　　具有加法、減法、乘法這三種運算方式的「環」是代數整數、代數幾何學、不變量式、四元數、矩陣等各自的具體研究對象，到了 20 世紀初期，才總算定義為 定義8 的形態。之後的數學家便以抽象的形式研究環，也在導入環的重要概念「理想」之後，發展出代數數論（ 5.1 ），並利用環定義圖形的代數幾何學（ 第6項 ），關於這些，本書之後也都會做介紹。

## Essential Points on the Map

☑ **群**…具有一個運算（加減）方式的代數體系。

　　描述了各種「對稱性」。

　例）由 $n$ 項排列組合而成的群（對稱群）$Sm$（ 2.1 、 8.2 ）、伽羅瓦群

　（ 4.2 ）、基本群（ 11.4 ）。

　→　· 了解元素個數固定的群究竟有幾種運算方式是群論的研究主題。

　　　· 群可作用於各種事物，例如可作用在三角形頂點的排列組合（ 2.1 ）

　　　　或是方程式解的排列組合（ 4.2 ）。

☑ **環**…具有加減法、乘法的代數體系。

　例）整數 $\mathbb{Z}$、單變數實係數多項式 $\mathbb{R}\,[x]$。

歷史的演進過程如下！

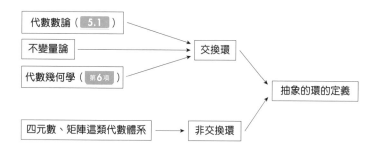

# 體論
## Field Theory

## 4.1. 體的定義

可進行四則運算的集合稱為體，嚴格來說，定義如下。

> **定義** 16. 在（具有兩個以上的元素）交換環之中，有乘法的反元素存在條件
>
> 除了 0 以外的所有 $a$ 都有元素 $a^{-1}$，且滿足
>
> $$a \times a^{-1} = a^{-1} \times a = 1$$
>
> 這種集合就稱為體。

**◉例 17**

有理數 $\mathbb{Q}$、實數 $\mathbb{R}$、複數 $\mathbb{C}$ 都是體。

## 4.2. 伽羅瓦理論

在體論中，最重要、最不可或缺的就是伽羅瓦理論。伽羅瓦理論是伽羅瓦（Galois，1811－1832）為了探索 $n$ 次方程式的解，以及描述體與群相應關係所創造的理論。在此為大家介紹這個理論。

$x^3 - 2 = 0$ 這個三次方程式共有 $x = \sqrt[3]{2}$、$\sqrt[3]{2}\,\omega$、$\sqrt[3]{2}\,\omega^2$ 平方這三個複數解。因此，當 $\sqrt[3]{2}$ 乘以三次方，就會得到 2 這個正實數，而 $\omega = \dfrac{-1 + \sqrt{3}\,i}{2}$ 是在自乘以三次方之後會得到 1，所以它屬於複數。

　　將這些數放入有理數，稍微擴展有理數的範圍吧。

首先，

- 將有理數與 $\sqrt[3]{2}$、$\omega$ 定義為可隨時加減乘除的數的集合，並命名為 $\mathbb{Q}(\sqrt[3]{2}, \omega)$。例如：

$$(\sqrt[3]{2})^2 - \frac{4}{\omega}, \ \frac{\sqrt[3]{2}\,\omega^2 + \omega}{\sqrt[3]{2} - 3}, \ \frac{2}{3}\omega, \ 2\sqrt[3]{2} \qquad \cdots\cdots①$$

都屬於 $\mathbb{Q}(\sqrt[3]{2}, \omega)$。同樣地，將

- 可對有理數與 $\sqrt[3]{2}$ 隨時加減乘除的數的集合稱為 $\mathbb{Q}(\sqrt[3]{2})$〔例如 $(\sqrt[3]{2})^2 + \sqrt[3]{2}$、$4\sqrt[3]{2}$ 就屬於這個集合〕，以及將

- 可對有理數與 $\omega$ 隨時進行加減乘除的數的集合稱為 $\mathbb{Q}(\omega)$（例如 $\omega^2 - \omega$、$2\omega$），以及將

- 可對有理數與 $\sqrt[3]{2}\,\omega$ 隨時進行加減乘除的數的集合稱為 $\mathbb{Q}(\sqrt[3]{2}\,\omega)$〔例如 $(\sqrt[3]{2}\,\omega)^2 - 3\sqrt[3]{2}\,\omega$〕就屬於這個集合〕並將

- 可對有理數與 $\sqrt[3]{2}\,\omega^2$ 隨時進行加減乘除的數的集合稱為 $\mathbb{Q}(\sqrt[3]{2}\,\omega^2)$〔例如 $2(\sqrt[3]{2}\,\omega^2)^2 + \sqrt[3]{2}\,\omega^2$ 就屬於這個集合〕。

$\mathbb{Q}$ 是有理數集合，而這個是在後續的括號則放了新的數，再進行加減乘除（稱為添加）的機制。上述這些機制都是體。

　　要注意的是，$\mathbb{Q}(\sqrt[3]{2}, \omega)$ 與 $\mathbb{Q}(\sqrt[3]{2}\,\omega)$ 是完全不同的東西，前者可分別對 $\sqrt[3]{2}$ 與 $\omega$ 進行加減乘除，但後者的三次 $\sqrt[3]{2}\,\omega$ 卻不能分割，只能同時運算。比方說，$\sqrt[3]{2}$ 屬於 $\mathbb{Q}(\sqrt[3]{2}, \omega)$，卻不屬於 $\mathbb{Q}(\sqrt[3]{2}\,\omega)$。

　　其他的五個體都包含了有理數 $\mathbb{Q}$，而 $\mathbb{Q}(\sqrt[3]{2}, \omega)$ 則包含了其他的五個體。這些體互相包含的關係可參考下圖（位於連接線上方的體包含了位於下方的體）。

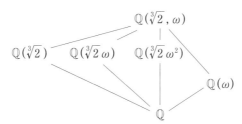

接著要考慮數的轉換。比方說，屬於 $\mathbb{Q}(\sqrt[3]{2},\ \omega)$ 的數可由有理數、$\sqrt[3]{2}$ 與 $\omega$ 組成，在不更換其中有理數與 $\omega$ 的情況下，將 $\sqrt[3]{2}$ 換成 $\sqrt[3]{2}\,\omega$。①的數可分別如下轉換（→代表數的轉換）。

$$\left(\sqrt[3]{2}\right)^2 - \frac{4}{\omega} \mapsto \left(\sqrt[3]{2}\,\omega\right)^2 - \frac{4}{\omega}, \quad \frac{\sqrt[3]{2}\,\omega^2 + \omega}{\sqrt[3]{2} - 3} \mapsto \frac{\left(\sqrt[3]{2}\,\omega\right)\omega^2 + \omega}{\sqrt[3]{2}\,\omega - 3},$$

$$\frac{2}{3}\omega \mapsto \frac{2}{3}\omega, \quad 2\sqrt[3]{2} \mapsto 2\sqrt[3]{2}\,\omega$$

透過上述轉換，$x^3 - 2 = 0$ 的三個解可如下互相轉換。

$$\sqrt[3]{2} \mapsto \sqrt[3]{2}\,\omega, \quad \sqrt[3]{2}\,\omega \mapsto \left(\sqrt[3]{2}\,\omega\right)\omega = \sqrt[3]{2}\,\omega^2,$$

$$\sqrt[3]{2}\,\omega^2 \mapsto \left(\sqrt[3]{2}\,\omega\right)\omega^2 = \sqrt[3]{2}\,\omega^3 = \sqrt[3]{2}$$

假設讓 $A = \sqrt[3]{2}$，$B = \sqrt[3]{2}\,\omega$，$C = \sqrt[3]{2}\,\omega^2$，然後讓 A 轉換為 B，讓 B 轉換成 C，再讓 C 轉換成 A，接著把這個過程畫成圖，就能發現這個過程與 ▐2.1▐ 介紹的 $X^2$ 的轉換完全一致。

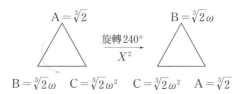

針對這種轉換我們可以思考轉換後也不會改變的數（不變量的數）。比方說，在上述轉換中，$\frac{2}{3}\omega$ 沒有產生變化，因為在這種轉換之中，$\omega$ 是不會改變的。這種只由有理數與 $\omega$ 的加減乘除得到的數，也就是屬於 $\mathbb{Q}(\omega)$ 的數在上述轉換中不會改變。

那麼還有其他不會讓$\mathbb{Q}(\omega)$的數改變的轉換嗎？「什麼都不做」的 1 的轉換、$X$ 的轉換（將$\sqrt[3]{2}$轉換成 $\sqrt[3]{2}\,\omega^2$）也都不會讓屬於$\mathbb{Q}(\omega)$的數改變。不會讓體$\mathbb{Q}(\omega)$的數改變的轉換只有上述三種，而這三個轉換的集合 $\{1,\ X,\ X^2\}$ 就是群。體$\mathbb{Q}(\omega)$與群 $\{1,\ X,\ X^2\}$ 透過設定 ・ 被設定為不變的關係而彼此對應。

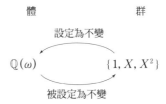

讓我們思考其他的轉換。如果讓$\mathbb{Q}(\sqrt[3]{2},\ \omega)$的數$\sqrt[3]{2}$保持不變，再讓$\omega$轉換成 $\omega^2$，會得到什麼結果？由於 $x^3-2=0$ 的三個解會產生下列轉換：

$$\sqrt[3]{2} \mapsto \sqrt[3]{2},\ \sqrt[3]{2}\,\omega \mapsto \sqrt[3]{2}\,\omega^2,\ \sqrt[3]{2}\,\omega^2 \mapsto \sqrt[3]{2}\,(\omega^2)^2 = \sqrt[3]{2}\,\omega$$

所以 A 依舊等於$\sqrt[3]{2}$，但是 B 的$\sqrt[3]{2}\,\omega$與 C 的$\sqrt[3]{2}\,\omega^2$會互換位置。這與之前提到的 $Y$ 的轉換對應。在這種轉換之後，$\sqrt[3]{2}$不會改變，所以隸屬於$\mathbb{Q}(\sqrt[3]{2})$的數不會因 $Y$ 的轉換而改變。

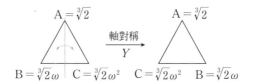

除此之外，隸屬於$\mathbb{Q}(\sqrt[3]{2})$的數也不會因為 1 的轉換而改變。不會讓$\mathbb{Q}(\sqrt[3]{2})$的數產生改變的轉換只有上述這幾種，而此時體$\mathbb{Q}(\sqrt[3]{2})$與群 $\{1,\ Y\}$ 之間則透過設定 ・ 被設定為不變的關係而彼此對應。

接著再舉其例子。能讓 $\mathbb{Q}(\sqrt[3]{2},\omega)$ 保持不變的只有「什麼都不做」的操作 1，能讓有理數（$\mathbb{Q}$ 的元素）保持不變的只有 $S_3$ 的所有操作。由這兩點可以得知，下列兩個群與體對應。

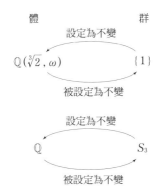

下列是伽瓦羅理論的核心定理，其主張體與群之間會透過設定・被設定為不變的關係一一對應。在此先介紹兩個用語，再介紹伽瓦羅基本定理。

- 屬於 $\mathbb{Q}(\sqrt[3]{2},\omega)$ 時同包含 $\mathbb{Q}$ 的體〔也就是滿足 $\mathbb{Q}(\sqrt[3]{2},\omega) \supset M \supset \mathbb{Q}$ 的體 $M$〕，且運算與 $\mathbb{Q}(\sqrt[3]{2},\omega)$ 相同的體稱為 $\mathbb{Q}(\sqrt[3]{2},\omega)$ 與 $\mathbb{Q}$ 的中間體。

- 屬於 $S_3$ 的群（也就是滿足 $S_3 \supset H$ 的群 $H$）且運算與 $S_3$ 相同的群，稱為子群。

第4項
體論

> **定理18. 伽羅瓦的基本定理（以此次範例進行說明）**
>
> 有兩個體 $\mathbb{Q}(\sqrt[3]{2}, \omega) \supset \mathbb{Q}$，而且群 $S_3$ 對這兩個體作用。
> 此時，
>
> - 讓「不讓該體改變子群 $H$」與「中間體 $M$」對應
> - 讓「不會因為 $H$ 的作用而被改變的中間體 $M$」與「子群 $H$」對應
>
> 在這種關係之下，$\mathbb{Q}(\sqrt[3]{2}, \omega)$ 與 $\mathbb{Q}$ 的中間體與 $S_3$ 的子群一一對應。

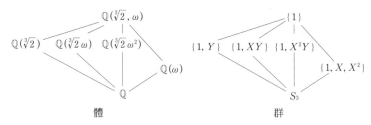

體　　　　　　　　　　　群

　雖然這種現象只存在於伽羅瓦擴張這種特別的體關係〔也就是這次的 $\mathbb{Q}(\sqrt[3]{2}, \omega)$ 與 $\mathbb{Q}$〕，是其中被稱為伽羅瓦群（也就是這次的 $S_3$）的群在作用，但是伽羅瓦基本定理仍是讓群與體結合的劃時代定理。

## 4.3.　作圖問題

　接著要透過具體的問題介紹體的概念。古希臘有一個相當知名的問題，那就是「利用尺與圓規能夠畫出三等分角嗎？」這個問題可利用與體有關的理論解決，而答案是 $No$。

> **定理 19. 不可能畫出三等分角**
>
> 無法利用尺與圓規畫出三等分角。例如，無法將 $60°$ 的角分
> 成三等分。

假設線段只有一條，而且長度為 1，那麼可用尺與圓規繪製的長度，以及 $-1$ 倍的數與 0 都稱為可造數。

利用圓規重覆描繪半徑為 1 的圓形，讓這個 1 的半徑不斷沿著直線延伸之後，自然數 1、2、3、……就是所有的可造數。

比方說，有理數 $\dfrac{a}{b}$（$a$、$b$ 為自然數）也可如下繪圖，所以是可造數。

① 繪製長度為 1 的線段 AB 與點 A 交會的直線 $\ell$。

② 在直線 $\ell$ 上將 AC＝$a$、AD＝$b$ 的點 C、D 設置在點 A 的同一 側（自然數的線段可利用上述的 方式繪製）。

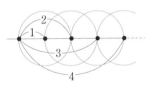

③ 繪製與直線 BD 平行且通過 C 的直線，再將這條直線與直線 AB 的交點設定為 E。則因為 AE：AB＝AC：AD， 證明 AE＝$\dfrac{a}{b}$。

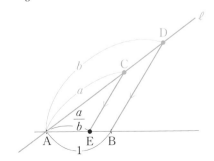

讓我們回到剛剛的問題吧。繪製 $60°$ 的三等分角與繪製 $20°$ 的角一樣。思考斜邊為 1 的直角三角形，就會知道可繪製 $20°$ 的角與 $\cos 20°$ 為可造數相同。因此，只要思考 $\cos 20°$ 是否為可造數，就會知道能不能畫出 $20°$ 的角。

其實，目前已知的是，可造數的和差積商就是可造數，換言之，可造數就是體，利用伽羅瓦理論了解這個體的性質，就會知道 $\cos 20°$ 是否為可造數，而答案是 *No*。

## 4.4.  五次方程式解的公式

眾所周知，二次方程式 $ax^2 + bx + c = 0$ 有下列這個知名的公式解

$$x = \frac{-b \pm \sqrt{b^2 - 4ac}}{2a}$$

至於三次方程式的公式解則以「卡爾達諾公式」（Cardano，1501－1576）最為知名，但是德爾費羅（del Ferro，1465－1526）與塔爾塔利亞（Tartaglia）各自發現了公式解之後，據說卡爾達諾與塔爾塔利亞就為了公式解的發表產生了激烈衝突。至於四次方程式的解法則由法拉利（Ferrari，1522－1565）於同時期發現。走到這一步之後，大眾開始對五次方程式是否有公式解這件事產生興趣，但答案是 *No*。

> 定理 20. 阿貝爾魯菲尼定理
>
> 五次或更高次的方程式沒有公式解。

　　「沒有公式解」不代表「沒有解」，只代表下列這種五次方程式的解

$$ax^5 + bx^4 + cx^3 + dx^2 + ex + f = 0$$

無法透過重複 $a$、$b$、$c$、$d$、$e$、$f$ 與有理數的加減乘除，以及 $m$ 次根 $\sqrt[m]{\phantom{x}}$ 這類操作求出而已。說成「沒有解」是錯誤的，代數基本定理（ 💡 定理 99 ）也保證一定有複數解。

　　$n$ 次方程式是否能利用加減乘除與 $m$ 次根求出解，與該方程式的伽羅瓦群是否「可求出解」有關。如果這個方程式具有可求出解的伽羅瓦群，就代表該 $n$ 次方程式可利用加減乘除與 $m$ 次根求出。四次方程式與前面的方程式都有可求出解的伽羅瓦群，但是五次或更高次的方程式卻沒有可求出解的伽羅瓦群，這也是為什麼五次與更高次的方程式沒有公式解的理由。

　　第一位證明五次方程式沒有公式解的人是阿貝爾（Abel，1802－1829）。之後，伽羅瓦導入了於今時今日被稱為伽羅瓦群的群，也證明當「伽羅瓦群具有可求出解的性質」等於「能利用加減乘除與 $m$ 次根求出公式解」。

　　伽羅瓦創造的這套偉大理論在現代的數論、算術幾何學以及其他領域中都成為不可或缺的理論。除了這套理論的應用範圍非常廣泛，「群與體互相對應」的這個理論實在過於美妙，也是伽羅瓦理論在現代仍是數學界一大明星的緣故。

第 4 項

體論

# 數論
## Number Theory

　　數論就是研究整數的領域，但很少只針對整數，所以也可說是研究整數以及研究與整數有關的一般「數」的領域。

　　數論的研究方法非常多元，也與代數學、幾何學、分析學有關，因此這節要先介紹「代數數論」（ 5.1 ）與「解析數論」（ 5.2 ），至於「算術幾何學」則留待 第7節 介紹。

## 5.1.　代數數論

### >> 5.1.1. 高斯整數

　　所謂代數數論就是研究「代數整數」的領域，而不是利用「代數」研究「數論」的領域。代數整數是怎麼樣的整數呢？

> **定義 21.**　**最高次係數為 1 的整數係數方程式**
>
> 作為 $x^n + a_{n-1}x^{n-1} + \cdots + a_1x + a_0 = 0$（ $a_0$、$\cdots$、$a_{n-1}$ 都為整數）的解稱為代數數。

● 例 22.
- 整數 $a$ 為一次方程式 $x - a = 0$ 的解，$\sqrt{2}$ 為 $x^2 - 2 = 0$ 的解，$i$ 為 $x^2 + 1 = 0$ 的解，所以這些解都是代數數。此外，

$\sqrt{2}\ +\ \sqrt{3}$ 也是 $x^4 - 10x^2 + 1 = 0$ 的解，所以 $\sqrt{2}$ 與 $\sqrt{3}$ 都是代數整數。

- 眾所周知，$\pi$ 不是代數數。
- $a + bi$（$a$、$b$ 為整數）為代數數，因為這個複數是下列二次方程式的解。

$$x^2 - 2ax + (a^2 + b^2) = 0$$

這種複數又稱為高斯整數。只要 $b = 0$，所有整數都是高斯整數，所以高斯整數可說是擴張之後的整數。

　　擴張至代數數之後，就能得知整數具有多種性質。比方說，下列這個知名的定理就是高斯整數的應用範例。

---

**定理 23.　費馬平方和定理**

質數 $p$ 以 $4$ 除之的餘數為 $1$ 或是 $p = 2$ 的時候，代表 $p$ 為 $2$ 個平方數的總和。

---

第 5 項　數論

◎例 24.

- 以 $4$ 除之的餘數為 $1$ 的質數與 $2$ 都可如下以兩個平方數的總和表現。

$$2 = 1^2 + 1^2，$$
$$5 = 1^2 + 2^2，$$
$$13 = 2^2 + 3^2，$$
$$17 = 4^2 + 1^2$$

- 另一方面，以 $4$ 除之的餘數為 $3$ 的 $3$、$7$、$11$、$19$ 以及其他類似的質數則無法以兩個平方數的總和表現。

能否以平方數的總和表現在高斯整數的世界裡，會造成下列的強弱之別。

在整數的世界裡，質數就是除了 1 與自己之外，沒有其他的正因數，換言之，就是大於等於 2，且無法繼續進行質因數分解的整數。不過當把範圍擴大至高斯整數（利用以平方數的總和表現），以 4 除之餘 1 的質數與 2 就能如下繼續分解。

$$2 = 1^2 + 1^2 = (1+i)(1-i)，$$
$$5 = 1^2 + 2^2 = (1+2i)(1-2i)，$$
$$13 = 2^2 + 3^2 = (2+3i)(2-3i)$$

這代表以 **4 除之餘 1 的質數與 2 在高斯整數的世界裡「不是質數（未扮演質數的角色）」。**另一方面，3、7、11、19 這類以 4 除之餘 3 的質數未能繼續分解，所以在高斯整數的世界裡還是「質數（繼續扮演質數的角色）」。

綜上所述，⚲ 定理23 可另外解釋成「以 4 除之餘 3 的質數 $p$ 在高斯整數的世界裡，依舊是『質數（繼續扮演質數的角色）』」。

## ≫ 5.1.2. 費馬最後定理

讓代數數論進一步發展的契機是下列這個大難題。

> ⚲ 定理25. 費馬最後定理
>
> 假設 $n$ 為大於等於 3 的自然數。此時沒有滿足下列式子的自然數（$x$、$y$、$z$）。
>
> $$x^n + y^n = z^n$$

　　這是 17 世紀的費馬（Fermat，1601－1665）於書頁角落寫下的命題，其中提到，「我發現一種美妙的證法，可惜這塊的空白太小，寫不下」。由於費馬未寫下證明，所以後世的數學家紛紛企圖證明這道問題，卻遲遲無法成功，直到 1995 年威爾斯（Wiles，1953－）證明之前，這個問題讓數學家煩惱了 300 多年。

　　接著介紹以代數數論解決這個問題的方法吧。$n=2$ 時，整數解可說是多如牛毛，但是在高斯整數的世界裡，左邊是

$$x^2 + y^2 = (x + iy)(x - iy)$$

可進行下列的因數分解。這在前面已經提過。若是依照這個方法，在 $n=3$ 時使用 1 的 3 次根 $\omega = \dfrac{-1 + \sqrt{3}\,i}{2}$，等號左邊就能進行下列的因數分解。

$$x^3 + y^3 = (x + y)(x + \omega y)(x + \omega^2 y)$$

可以把這個看成是

$$\mathbb{Z}[\omega] = \{a + b\omega + c\omega^2 \mid a,\ b,\ c\ 為整數\}$$

這種艾森斯坦整數組成的環的因數分解。同樣的，可對一般的奇質數 $p$ 使用 1 的 $p$ 次根 $\zeta_p \neq 1$，讓左邊進行下列的因數分解。

$$x^p + y^p = (x + y)(x + \zeta_p y)(x + \zeta_p^2 y)\cdots(x + \zeta_p^{p-1} y)$$

可把這個看成下列這種環的因數分解。

$$\mathbb{Z}[\zeta_p] = \{a_0 + a_1\zeta_p + a_2\zeta_p^2 + \cdots + a_{p-1}\zeta_p^{p-1} \mid a_0,\ a_1,\ \cdots,\ a_{p-1}\ 為整數\}$$

利用各種類型的代數數所組成的環探究 $x^n + y^n = z^n$ 這個式子可說是解決費馬最後定理最有代表性的方式。

　　19 世紀，拉梅（Lamé，1795－1870）對等號左邊的部分進行質因數分解後，發表自己證明了費馬最後定理。不過，拉梅的 $\mathbb{Z}[\zeta_p]$ 只有一種質因數分解，無法滿足唯一分解定理（所以

第 5 項

數論

是錯的）。高斯整數的環 $\mathbb{Z}[i]$ 或是艾森斯坦整數的環 $\mathbb{Z}[\omega]$ 則滿足唯一分解定理，不過一般的 $\mathbb{Z}[\zeta_p]$ 卻不一定滿足唯一分解定理！在 $\mathbb{Z}[\zeta_p]$ 中，不滿足唯一分解定理的最小質數 $p$ 為 23。若問唯一分解定理是什麼意思，由於 $\mathbb{Z}[\zeta_p]$ 的情況比較複雜，以下就利用簡單一點的環來說明。

> **◉例 26.**
>
> - 在由整數組成的環 $\mathbb{Z}$ 中，75 為 $3 \cdot 5^2$，只有一種質因數分解。
>
> - 一如前述，在高斯整數環 $\mathbb{Z}[i]$ 之中，5 可繼續進行質因數分解，分解成 $(1 + 2i)(1 - 2i)$，因此 75 在質因數分解之後，只會得到 $3 \cdot (1 + 2i)^2 \cdot (1 - 2i)^2$ 這個結果。
>
> - 以整數 $a$、$b$ 寫成 $a + b\sqrt{-5} = a + b\sqrt{5}\,i$ 這種式子的所有數的環如下：
>
> $$\mathbb{Z}[\sqrt{-5}] = \{a + b\sqrt{-5} \mid a,\, b \text{ 為整數}\}$$
>
> 因此，21 這個數可透過質因數分解
>
> $$21 = 3 \times 7 = (1 + 2\sqrt{-5})(1 - 2\sqrt{-5})$$
>
> 得到下列兩個結果（不過，3、7、$1 \pm 2\sqrt{-5}$ 都無法繼續進行質因數分解），所以不滿足唯一分解定理。

有 $\mathbb{Z}[\sqrt{-5}]$ 這種不滿足唯一分解定理的環是個非常嚴重的問題。庫默爾（Kummer，1810－1893）試著透過理想數（**ideal number**）這個概念解決與唯一分解定理有關的問題。

庫默爾的想法是，如果從更廣範圍思考 $\mathbb{Z}[\sqrt{-5}]$，應該就能讓 $\mathbb{Z}[\sqrt{-5}]$ 繼續分解，也就能滿足唯一分解定理。換言之，在比 $\mathbb{Z}[\sqrt{-5}]$ 範圍更廣的「理想數」中，可利用理想數 $p_1$、$p_2$、$p_3$、$p_4$ 進行下列的分解。

$$3 = p_1 p_2 \text{，} 7 = p_3 p_4 \text{，} 1 + 2\sqrt{-5} = p_1 p_3 \text{，} 1 - 2\sqrt{-5} = p_2 p_4$$

如此一來，在 $\mathbb{Z}[\sqrt{-5}]$ 的範圍中，21 將只是下列這兩種分解結果而已：

$$21 = (p_1 p_2) \cdot (p_3 p_4) = (p_1 p_3) \cdot (p_2 p_4)$$

由於這裡的 $p_1$、$p_2$、$p_3$、$p_4$ 不可能出現在我們熟悉的數中，所以才被命名為「理想數」。

戴德金（Dedekind，$1831-1916$）將理想數看成「數的集合」而不是「數」，建構了更一般、更簡單明瞭的理論。也就是將 $p_1$、$p_2$、$p_3$、$p_4$ 視為滿足某種性質的 $\mathbb{Z}[\sqrt{-5}]$ 的部分集合，而這種部分集合就稱為理想（ideal），藉此說明代替質因數分解的「質理想分解」的唯一性成立。

為了將加減法、乘法所定下的整數全體 $Z$ 在更大範圍內一般化而導入了加減法、乘法定下的環，接著再導入在被稱為理想的環之中非常重要的對象，於是，環論（ 第3項 ）便因代數數論而展開發展。

## 5.2.　解析數論

### ➤ 5.2.1. 質數定理

解析數論是指利用複數解析或是傅立葉分析這類解析手法研究數論的領域。與「代數數論」不同的是，沒有「解析整數」這種整數。

在解析數論之中，最具代表性的定理就是下列的質數定理。

第5項
數論

> ### ⊘ | 定理 27. 質數定理
>
> 假設 $x$ 為正實數，$\pi（x）$ 為小於等於 x 的質數的個數。
> 此時可得出下列結果。
>
> $$\lim_{x \to \infty} \frac{\pi(x)}{\left(\dfrac{x}{\log x}\right)} = 1$$

簡單來說，就是當 $x$ 不斷放大，小於等於 $x$ 的質數個數 $\pi$ （$x$）的值就會趨近 $\dfrac{x}{\log x}$ 的定理。下列將 $x = 10^1,\ 10^2, \cdots$ 時的值列成表格。雖然收斂的速度很慢，卻能看出越來越趨近的結果。

| X | $\pi(x)$ | $\dfrac{x}{\log x}$ | $\dfrac{\pi(x)}{x/\log x}$ |
|---|---|---|---|
| $10^1$ | 4 | 4.343 | 0.921 |
| $10^2$ | 25 | 21.715 | 1.151 |
| $10^3$ | 168 | 144.76 | 1.161 |
| $10^4$ | 1229 | 1085.7 | 1.132 |
| $10^5$ | 9592 | 8685.9 | 1.104 |
| $10^6$ | 78498 | 72382.4 | 1.084 |
| $10^7$ | 664579 | 620420.7 | 1.071 |
| $10^8$ | 5761455 | 5428681.0 | 1.061 |
| $10^9$ | 50847534 | 48254942.4 | 1.054 |

與這個質數一併研究的是澤塔函數。

**定義 28.** 　**對實部大於 1 的複數 $s$ 定義的澤塔函數就是可利用下列式子表現的函數。**

$$\zeta(s) = \frac{1}{1^s} + \frac{1}{2^s} + \frac{1}{3^s} + \cdots \qquad \cdots\cdots ②$$

**◎例 29.**

澤塔函數的 $s = 2$ 時的值為：

$$\zeta(2) = \frac{1}{1^2} + \frac{1}{2^2} + \frac{1}{3^2} + \cdots = \frac{\pi^2}{6}$$

自古以來，這種計算無限和的問題以巴塞爾問題最為有名，而這個問題也已由瑞士數學家歐拉（Euler，1707 － 1783）證明。此外，澤塔函數的 $s = 4$ 時的值為：

$$\zeta(4) = \frac{1}{1^4} + \frac{1}{2^4} + \frac{1}{3^4} + \cdots = \frac{\pi^4}{90}$$

目前已知，$\zeta$（偶數）的值可透過某種整齊的形式表現，也已經知道這個值是無理數，但目前還不知道 $\zeta$（奇數）是否為無理數。1978 年，法國數學家阿培里（Apéry，1916 － 1994）證明了 $\zeta(3)$ 為無理數。

在②的形式中，只能針對實部大於 1 的複數思考澤塔函數的值。比方說，當②的式子的 $s = -1$，就會發現這個值不會收斂，而是會趨近 ∞。

$$\frac{1}{1^{-1}} + \frac{1}{2^{-1}} + \frac{1}{3^{-1}} + \cdots = 1 + 2 + 3 + \cdots$$

不過，利用複數函數的「解析延拓」擴展澤塔函數的定義域，就能對 $s = 1$ 之外的所有複數 $s$ 推測澤塔函數的值。目前已知，經過解析延拓的澤塔函數會得到 $\zeta(-1) = -\dfrac{1}{12}$ 的結果。

第5項

數論

一般來說，得到函數時，最先思考的問題是該函數的值會在何時為 $0$。當 $\zeta(s) = 0$，此時的 $s$ 稱為澤塔函數的零點。比方說，很久以前就已經證明 $s = -2$、$-4$、$-6$、…這類負偶數都是澤塔函數的零點（又稱為平凡零點）。此外還有哪些零點（非平凡零點），則是讓數學家煩惱了幾百年的問題。在探討非平凡零點之後，目前找到的只有實部為 $\frac{1}{2}$〔也就是 $s = \frac{1}{2} + bi$（$b$ 為實數）的形式〕的零點，這就是到現在都未能解決的數學第一難題——黎曼猜想。

> **猜想30 ▶ 黎曼猜想**
>
> 澤塔函數 $\zeta(s)$ 的非平凡零點的實部應該都是 $\frac{1}{2}$。

其實一開始介紹的小於等於 $x$ 的質數個數函數 $\pi(x)$ 也可利用這種澤塔函數的零點資訊表現。說穿了，質數定理就是 $\pi(x)$ 會近似於 $\dfrac{x}{\log x}$ 的定理，但是若使用澤塔函數的零點，$\pi(x)$ 就能以沒有誤差的等式表現，這就是澤塔函數與質數如此關係密切的一大原因。如果能多了解一點澤塔函數的零點，就能進一步了解質數。

## ≫ 5.2.2. 孿生質數

差為 $2$ 的連續 $2$ 個質數稱為雙子質數。例如下列就是孿生質數。

$$(3, 5) \cdot (5, 7) \cdot (11, 13) \cdot (17, 19) \cdot \cdots\cdots$$

很久已前，曾有與這個孿生質數有關的猜想。

猜想 31 ▶ 與孿生質數有關的猜想
**孿生質數有無限個。**

這個 <sup>猜想31</sup> 在 2010 年代出現長足的進展。如果題目繼續維持「差為 2 的連續 2 個質數有無限個」，實在太難解決，所以若試著放寬兩個質數之間的差，會得到什麼結果呢？比方說，將題目改成「差為 1 億以下的連續 2 個質數有無限個」，就能思考可以將這個「1 億」縮小到多少。換句話說，如果「差小於等於 $N$ 的連續 2 個質數有無限個」的主張正確，那麼問題就會變成可以將 $N$ 縮到多小到何種程度。孿生質數的猜想是主張 $N=2$。2013 年，這個問題在 $N=70,000,000$ 得到證明，過了幾個月之後，英國數學家梅納德（Maynard，1987－）又證明 $N=600$ 時，這個主張是正確的，於是在 2022 年獲頒數學界最具權威的菲爾茲獎。

第 **5** 項

數論

## Essential Points on the Map

☑ **體**⋯具有四則運算的代數體系。

　　例）有理數$\mathbb{Q}$、實數$\mathbb{R}$。

☑ **伽羅瓦理論**⋯說明 $n$ 次方程式的「群」與「體」彼此對應的理論。

　→ 伽羅瓦透過伽羅瓦理論證明五次與更高次的方程式沒有公式解。也於作
　　圖問題應用這套理論。

☑ **數論**⋯研究整數的領域。

　‧**代數數論**⋯研究「代數數」的領域。

　　→ 延伸至高斯整數、理想、唯一分解定理這些環的重要概念。

　‧**解析數論**⋯利用複數解析（ 第17項 ）或是傅立葉分析（ 第18項 ）這類分析
　　　　　　　　學的手法研究數論的領域。

　　→ 質數定理（ 定理27 ）、黎曼猜想（ 猜想 30 ）、
　　　雙子質數（ 猜想 31 ）、模形式（ 7.3 ）等。

　‧**算術幾何學**（ 第7項 ）⋯利用代數幾何學（ 第6項 ）研究數論的領域。

　　→ 橢圓曲線（ 7.1 ）、費馬最後定理（ 定理25 ）等。

第**6**項

# 代數幾何學
## Algebraic Geometry

在以實數為成分的座標平面上，所有滿足 $x^2-y=0$（也就是 $y=x^2$）的點 $(x, y)$ 會呈現拋物線的形狀。$x^2-y$ 是 $x$、$y$ 的多項式，而代數幾何學就是處理以這種「（多項式）$=0$」畫出的圖形的領域。

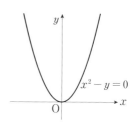

## 6.1. 解析幾何與射影幾何

讓我們簡單回顧一下代數幾何學的由來。

法國數學家笛卡兒（Descartes，1596－1650）導入了座標的概念，開始以代數的方式處理圖形，而這種方式就稱為解析幾何。這裡的「解析」並非「分析學」，而是利用座標進行代數分析的意思。在高中數學學到的座標平面以及座標平面上的幾何就是在此時誕生，後來也延伸為代數幾何。

當時，法國數學家笛沙格（Desargues，1591－1661）奠定了射影幾何的基礎概念。顧名思義，這是透過「投影」方式恆定性質的幾何學，其中最重要的概念為無窮遠點。這個概念在現代的代數幾何學非常重要，所以為大家介紹。

圖中的 P 為光源，位於上方平面的三角形「投影」至下方的平面。

在平面上，不與直線 $\ell$ 相交，但通過直線 $\ell$ 之外的點 A 的

直線只有一條，這稱為「平行公設」，也是由歐幾里得得出的重要公設，至於射影幾何則是顛覆這個公設的概念。

如下圖所示，通過點 A 的直線 $m$ 與直線 $\ell$ 相交，並將該交點設為 B。將這個點 B 放到無限遠（左右皆可）的位置之後，直線 $m$ 與直線 $\ell$ 就會變成近似平行的狀態，所以在直線 $\ell$ 的無限遠處放一個被稱為無窮遠點的點，就能將直線 $\ell$ 與直線 $m$ 的平行視為「於無窮遠點相交」。如此一來，平面上任意兩條不同的直線就會只相交於一點，也等於否定了平行公設，而這種概念在射影幾何的世界中是成立的。

設定一個無窮遠點的這條直線[1] 稱為射影直線。

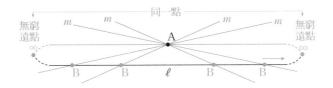

接著讓我們在二維的座標平面思考這個問題。假設有條通過原點的直線 $\ell$，並仿照剛剛的方式，替直線 $\ell$ 設定一個無窮遠點。此時若是讓直線 $\ell$ 朝所有方向移動，就能在平面的所有方位

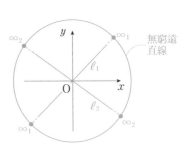

加上不同的無窮遠點。不過，東北方向與西南方向這種呈 $180°$ 相反方向的無窮遠點是同一個無窮遠點。如此一來就能畫出像是包圍平面的多個無窮遠點。這些無窮遠點也能組成另一條射

---

[1] 即便往右方無限遠地行去、往左方無限遠地行去，都會到達同一個無線遠點。亦即，射影直線是將直線用1個無線遠點連接起兩個方向，近似於「圓」。

影直線，而這種直線就稱為無窮遠線。這種具有無窮遠線的座標平面則稱為射影平面。

　　探究具有無窮遠點的射影直線或射影平面（一般稱為射影空間）能處理超乎歐幾里得幾何的「平行公設」的概念，這也是射影幾何的優勢（例如「平面上的兩條直線只於一點交會」就是歐幾里得幾何的例外），我們也可將代數幾何學視為在具有無窮遠點的射影空間之內探究圖形的學問。

## 6.2.　貝祖定理

　　接下來要為大家介紹幾個有關代數幾何學的話題。

　　假設 d 為大於等於 1 的整數，而 $f(x, y)$ 為實係數的 $d$ 次多項式。此時座標平面 $\mathbb{R}^2$ 內的 $f(x, y)$ 零點集合，也就是 $f(a, b)=0$ 的 $(a, b) \in \mathbb{R}^2$ 的集合為：

$$V(f) = \{(a, b) \in \mathbb{R}^2 \mid f(a, b) = 0\}$$

這就稱為 $d$ 次平面曲線。雖然本書只介紹曲線，但是更高維的曲面或是同樣以多個多項式零點定義的圖形稱為代數流形（不過，這不是嚴謹的定義）。一般來說，代數幾何學不會探究以多項式之外的函數描繪的圖表。

◎例 32.

- 假設 $f(x, y)$ 為 $x^2 - y$，$V(f)$ 為所有滿足 $a^2 - b = 0$ 的點 $(a, b)$ 的集合，此時 $V(f)$ 為二維平面曲線。例如 $(1, 1)$、$(-2, 4)$ 這些點就是 $V(f)$ 的元素。

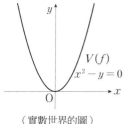

（實數世界的圖）

第6項

代數幾何學

● 例如，因為 $\sin x$ 不是多項式，代數幾何就不會討論下列正弦曲線 $f(x,y) = \sin x - y$ 的零點的集合

$$\{(a, b)\mid \sin a - b = 0\}$$

讓平面曲線在具有無窮遠點的射影平面擴張之後，這條曲線就稱為射影平面曲線。一如前述，平面曲線可視為從座標平面擴張至射影平面的曲線。

### ● 例 33.

當拋物線在射影平面擴張，就能在拋物線兩個方向的無窮遠處配置同一個無窮遠點。這意味著，拋物線的兩端會於無窮遠點「連接」。在射影平面思考這個問題的時候，可將拋物線視為與橢圓這類二次曲線相同，能統一處理。

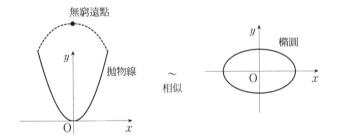

這種射影平面曲線的基本問題之一就是找出兩個射影平曲線的交點。

此時可試著以複數的範圍觀察曲線。例如承認 $(i, -1)$、$(1+i, 2i)$ 這種滿足 $a^2 - b = 0$ 的複數對 $(a, b)$ 也是拋物線 $x^2 - y = 0$ 的其中一點。不過，當複數是以 $p+qi$（$p$、$q$ 為實數）這種由兩個實數表現，從實係數的角度來看，複數對就是四維，但我們的世界是三維的，所以畫不出這種圖形[※2]。

---

※2　由於無法畫成圖，所以十分難以理解，但在畫圖時，（與高中數學一樣）會在實係數的座標平面畫圖，只是不能忘記這個圖形已擴張至複數的範圍。

　　在複數的範圍思考同樣的射影平面曲線（複射影平面曲線），可透過下列的定理得知這些射影平面曲線的交點。

> 💡 **定理34. 貝祖定理**
>
> $d$ 次與 $e$ 次的兩個不同（沒有共通成分）複射影平面曲線（包含重複度）剛好會有 $de$ 個交點。

◉例 35.

- 根據貝祖定理，2 次複射影平面曲線的圓 $x^2 + y^2 - 1 = 0$ 與 1 次複射影平面曲線的直線 $x - y = 0$ 有 $2 \times 1 = 2$ 個交點，交點為 $\left( \dfrac{1}{\sqrt{2}}, \dfrac{1}{\sqrt{2}} \right)$、$\left( -\dfrac{1}{\sqrt{2}}, -\dfrac{1}{\sqrt{2}} \right)$。

（實數世界的圖）

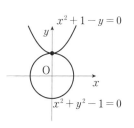

- 2 次複射影平面曲線的圓 $x^2 + y^2 - 1 = 0$ 與 2 次複射影平面曲線的拋物線 $x^2 + 1 - = 0$ 共有 $2 \times 2 = 4$ 個交點。讓我們確認這點吧。拋物線方程式可整理成 $y = x^2 + 1$，將這個結果代入圓的方程式，可得到下列 $x$ 方程式 $x^2 + (x^2 + 1)2 - 1 = 0$ 亦即 $x^4 + 3x^2 = 0$ 這個方程式的複數解為 $x = 0$（雙重解）與 $\pm \sqrt{3}\, i$。因此複數範圍的交點為 $(0, 1)$（雙重）$(\sqrt{3}\, i, -2)$ $(-\sqrt{3}\, i, -2)$ 這四點 [3]。

---

[3] 利用複數而不是實數探究圖形具有相當大的意義。代數基本定理（💡 定理99 ）在計算解（交點）的個數非常重要。

- 兩個 1 次 複 射 影 平 面 曲 線 $x - y = 0$ 與 $x - y - 1 = 0$ 在 座 標平面內部不會交會（彼此平行），不過從射影平面來看，兩者會於無 窮遠點交會。一如貝祖定理所述，兩者會於 $1 \times 1 = 1$ 點交會。

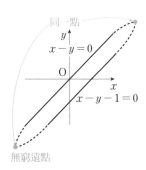

這裡雖然只討論了曲線的交點，但在現代，更高維的圖形 相交（例如曲面的相交）則被稱為相交理論而受到研究。

## 6.3.　去除奇異點

觀察圖形時，最為棘手的是奇異點的存在。自我相交、尖 銳或是不平滑曲線的點就是奇異點。

> **定義 36.**　用多項式 $f(x, y) = 0$ 定義的平面曲線之中，
>
> $\dfrac{\partial f}{\partial x}(a, b) = \dfrac{\partial f}{\partial y}(a, b) = 0$ 的曲線上的點（$a, b$）為奇異點
>
> （偏微分部分請參考 14.5 ）。

● 例 37.

- 假設 $f(x, y) = x^3 + x^2 - y^2$，因為

$$\frac{\partial f}{\partial x} = 3x^2 + 2x \quad , \quad \frac{\partial f}{\partial y} = -2y$$

所以在曲線上自我相交的點（0, 0）為 奇異點，這種奇異點也稱為節點。

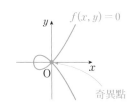

● 假設 $g(x, y) = x^2 - y^3$，因為

$$\frac{\partial g}{\partial x} = 2x \ 、 \ \frac{\partial g}{\partial y} = -3y^2$$

看起來尖銳的部分（0,0）就是奇異

點，這種奇異點也稱為尖點。

$y$

$g(x, y) = 0$

$O$　$x$

奇異點

　　觀察圖形時，奇異點很容易成為難以處理的點，所以要利用爆發（**blow up**）這種手法來「解開」奇異點。以剛剛提到的曲線 $x^3 + x^2 - y^2 = 0$ 為例來說明。透過爆發這種操作讓思考這條曲線的原始 $xy$ 平面如下圖在空間中拉展成立體（變成曲線 $xz = y$）。如此一來，平面上的曲線就會變成空間中的曲線。從正上方（$z$ 軸方向）看來，曲線還是原本的曲線，但已經變成立體的曲線，所以不再於原點自我相交，而是立體相交的曲線。由於原點往 $z$ 軸方向膨脹，這種手法就又稱為以原點為中心點的爆發。在研究原始曲線的性質時，常常會研究利用爆發手法消除奇異點的曲線。

第 6 項

代數幾何學

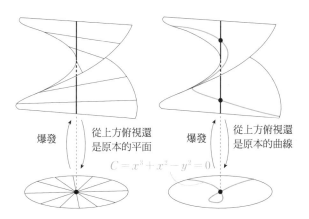

爆發　從上方俯視還是原本的平面

爆發　從上方俯視還是原本的曲線

$C = x^3 + x^2 - y^2 = 0$

　　除了曲線，一般來說，會觀察（有奇異點的）代數流形 $C$。假設這個 $C$ 與「固有的雙有理映射」（「大部分構造都相同」的意思）結合成沒有奇異點的代數流形 $C'$，此時的 $C'$ 就稱為 $C$ 的奇異點解消。對任意的代數流形來說，是否存在奇異點消除是一大問題。廣中平祐（1931－）已證明重覆執行爆發手法一定能消除奇異點，因而於 1970 年獲頒菲爾茲獎。

> ⑨│定理38. 廣中平祐的奇異點解消定理
>
> 　在特徵 $0$[※4] 的體的代數流形都有奇異點解消。

## 6.4.　基模理論

　　代數幾何學在法國數學家格羅滕迪克（Grothendieck，1928－2014）的帶領下有了大幅的進展。

　　格羅滕迪克的創舉在於變更了「點」的概念。讓我們以拋物線 $x^2-y=0$ 為例說明。一如前述，古代的代數幾何學將成對的複數視為「點」。此時，這個拋物線也被視為點的集合 $\{(a, b)\in\mathbb{C}^2\,|\,a^2-b=0\}$。至於將環的極大理想[※5] 視為點則是由格羅滕迪克創造的現代代數幾何學。此時的拋物線與「$\mathbb{C}[x, y]/(x^2-y)$」這個環對應，而這個環的極大理想為點，這些點的集合也被視為拋物線。如此一來，「研究拋物線 $x^2-y=0$ 的性質」的這個幾何學問題，就能轉換成「研究環

---

[※4] 指的是不斷加 1 也不會變成 0 的體。反觀 $\mathbb{Z}/p\mathbb{Z}=\{0, 1, 2, \cdots, p-1\}$ 這個以質數 $p$ 除之所得的餘數組成的體則會在 1 與 $p$ 相加之後得到 0，所以這種體又稱為「特徵 $p$」。

[※5] ▶ 5.1.2 已經提過理想這個詞，但所謂的理想，指的是環的特殊「部分集合」，其中極大的部分稱為極大理想。後續介紹的質理想也是某種理想。

$\mathbb{C}[x, y]/(x^2-y)$的性質」這個代數問題，也就能將代數幾何學視為環論。這種將環的質（極大）理想視為點的空間稱為基模，1950 年代後半，格羅滕迪克透過幾千頁的論文建構了這套理論。

古典的解釋　　　　　　　透過基模解釋

$\{(a, b) \in \mathbb{C}^2 \mid a^2-b=0\}$　　$\{\mathbb{C}[x, y]/(x^2-y)$的極大理想$\}$

對應

點 $(a, b)$ $\longleftrightarrow$ 極大理想 $(x-a, y-b)$

　　現代的代數幾何學是以這個基模理論進行學習與研究。要學習基模理論必須對環論有足夠的理解，所以本書不打算深究，但是這個由格羅滕迪克催生的基模理論對現代數學造成的影響可說是不可計量[※6]。

---

※6　有個與格羅滕迪克有關的小故事。某次他在演講時，準備以質數為例來說明某個概念，結果誤把57當成質數。雖然很常聽到這個有關格羅滕迪克的小故事，但這點小錯實在瑕不掩瑜，因為格羅滕迪克的創舉就是如此地偉大！

## Essential Points on the Map

☑ **代數幾何學**…研究範圍是關於拋物線 $y=x^2$ 這類以多項式描述的座標平面的圖形。

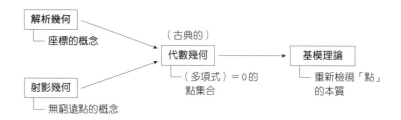

→ 應用於奇異點解消（ 6.3 ）、相交理論（ 6.2 ）、代數流形的分類、數論（ 第5項 ）。

# 算術幾何
## Arithmetic Geometry

　　算術幾何學是以代數幾何學的手法研究數論的領域，也被歸類為數論的一部分。本書接下來將以橢圓曲線的話題為主來進行說明。

## 7.1. 橢圓曲線

橢圓曲線這個特殊曲線與數論的許多問題有關。

**定義 39.** 假設 $a$、$b$ 是滿足 $4a^3 + 27b^2 \neq 0^{※1}$ 的整數。

以
$$E : y^2 = x^3 + ax + b$$

定義的平面曲線（於射影平面擴張的平面曲線）稱為（有理數體的）橢圓曲線。

　　射影平面曲線（ 6.2 ）的橢圓曲線除了滿足 $y^2 = x^3 + ax + b$ 的點 $(x, y)$ 之外，還多了一個無窮遠點。

　　● 例 40.

讓我們於一般的座標平面來觀察橢圓曲線吧。

$$E_1 : y^2 = x^3 - x \text{、} E_2 : y^2 = x^3 + 17$$

這兩個橢圓曲線分別是下列的形狀。

---

※1　在這個條件下，意味著沒有奇異點（ 定義 36 ）。

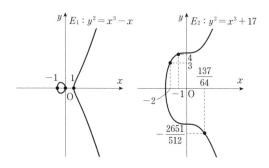

定義 41. 相對於橢圓曲線 $E：y^2＝x^3＋ax＋b$，座標為有理數的橢圓曲線上的點，也就是以滿足 $q^2＝p^3＋ap＋b$ 的有理數 $p$、$q$ 表現的點 $(p, q)$ 稱為 $E$ 的有理點。不過，為了方便操作，也將無窮遠點視為有理點。

　　求出多項式這類方程式的所有整數解或是有理數解的問題稱為丟番圖問題，這也是自古以來的問題。我們當然也能對橢圓曲線的方程式思考同樣的事情，而且到目前為止，我們對於找出橢圓曲線所有有理點這個問題還有許多不明白的部分。

◉ 例 42.

- $E_1：y^2＝x^3－x$ 上的有理點只有 $(0, 0)$、$(1, 0)$、$(－1, 0)$ 這 3 個與無窮遠點（參考上圖）。

- $E_2：y^2＝x^3＋17$ 上有 $(－2, 3)$、$(－1, 4)$、$(2, 5)$、$\left(\dfrac{137}{64}, －\dfrac{2651}{512}\right)$、$\left(－\dfrac{8}{9}, －\dfrac{109}{27}\right)$ 等這些有理點（參考上圖）。

## 7.2.　橢圓曲線上的演算

橢圓曲線 $E$ 上的點可進行加法。換言之，就是針對 $E$ 的 $P$ 點與 $Q$ 點，思考在 $E$ 上與 $P+Q$ 對應的點。我們當然可透過以 $P$ 與 $Q$ 的座標組成的式子定義 $P+Q$，但這樣做很麻煩，所以本書決定以圖形的方式定義。

首先假設 $P$ 與 $Q$ 為不同的點，此時兩者總和的 $P+Q$ 可如下定義：

- 由 $P$ 點與 $Q$ 點連成的直線與 $E$ 在另一點交會。將這個點設定為 $R$。
- 將 $R$ 與 $x$ 軸對稱的點（也就是 $y$ 座標正負符號反轉的點）定為 $P+Q$。

接著如下定義 $P$ 與 $Q$ 為同一點的總和 $P+Q$，也就是 $P+P=2P$。

- 點 $P$ 的切線與 $E$ 還有個交點。假設這個點為 $R$。
- 接著將 $R$ 與 $x$ 軸對稱的點（也就是 $y$ 座標正負符號反轉的點）定為 $2P$（$=P+P$）。

有時候，由 $P$ 與 $Q$ 連成的直線會與 $y$ 軸平行，在 $xy$ 平面內，找不到與 $E$ 相交的交點 $R$。此時會將 $R$ 與 $P+Q$ 視為無窮遠點。

第 7 項

算術幾何

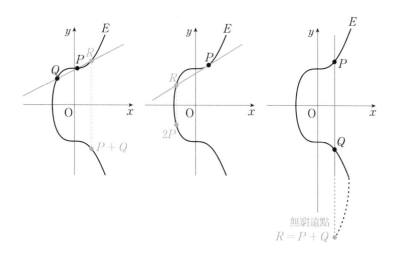

● 例 43.

假設在橢圓曲線 $y^2 = x^3 + 17$ 上，$P = (-1, 4)$、$Q = (2, 5)$，
可得到下列的結果。

$$P + Q = \left(-\frac{8}{9}, -\frac{109}{27}\right)$$

$$2P = \left(\frac{137}{64}, -\frac{2651}{512}\right)$$

透過幾何學的手法可快速算出總和，但若直接計算總和，可就
得大費周章。

　由於橢圓曲線 $E$ 的兩個點都為有理點，所以總和也是有理
點。因此，若將所有有理點寫成 $E(\mathbb{Q})$，該有理點的加法就符合結
合律。此外，還有與加法有關的單位元素（無窮遠點），而且這些
有理點都有反元素（以 $x$ 軸為對稱軸的點），所以眾所周知，
$E(\mathbb{Q})$ 是群（ 定義7 ）。觀察這個群是橢圓曲線的一大研究主題。

## 7.3. 費馬最後定理

　　費馬最後定理在 20 世紀之前，都是算術幾何學最難解的一道題目。

> 💡 **定理25. 費馬最後定理**
>
> 假設 $n$ 為大於等於 3 的自然數。此時沒有滿足下列式子的自然數（$x$、$y$、$z$）。
>
> $$x^n + y^n = z^n$$

　　▸ 5.1.2 已經提過了 19 世數學家如何解決這個問題（透過代數的數論）。在此簡單說明費馬最後定理是如何被證明的。此時最重要的部分就是下列以谷山豐（1927－1958）與志村五郎（1930－2019）命名的猜想（已解決）。

> 💡 **定理44. 谷山、志村猜想（模性定理）**
>
> 係數為有理數的所有橢圓曲線都是模。

　　為了說明這個定理，要先說明什麼是「模」。

　　所謂的模形式指的是以在複數平面上半部定義的全純函數（ 17.2 ）$f(z)$，經過下列變數轉換之後，具有對稱性的函數（$k$ 不是負整數）

$$f(z+1) = f(z)，\quad f\left(-\frac{1}{z}\right) = z^k f(z)$$

　　點 $z$ 與點 $z+1$，以及點 $z$ 與點 $-\dfrac{1}{z}$ 的值之間存在對稱性（後者乘上了 $z^k$，所以不是完全等值）。若將這種對稱性畫成

圖，可得到下列的圖。看起來像是以市松紋（黑白交錯的格紋）填滿了各自的區塊，但這些區塊透過上述的轉換互相位移，也擁有對稱的值。尤其 $f(z+1)=f(z)$ 更是表示模形式具有周期。因此，模形式可透過傅立葉級數（ 18.1 ）來表現。

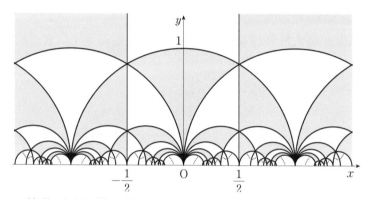

　　接著要介紹的是橢圓曲線。假設 $p$ 為質數。雖然先前討論了橢圓曲線的有理點，但是探討橢圓曲線的除數 $p$ 的解的個數也非常重要。若以同餘的方式說明，除數 $p$ 的解就是

$$y^2 \equiv x^3 + ax + b \pmod{p}$$

換言之，就是以 $p$ 除 $y^2$ 與 $x^3 + ax + b$ 之後，兩者餘數相等的整數組 $(x, y)$（$0 \leq x \leq p-1$，$0 \leq y \leq p-1$）。

●例 45.

讓我們思考橢圓曲線 $E : y^2 = x^3 + 17$。在除數 2 時，會得到下列兩個解〔也就是以 2 除 $(x, y)$ 之後的餘數為 $(0, 1)$ 或 $(1, 0)$。由於只是解的餘數相等，所以不使用 $=$，而是使用 $\equiv$ 來連結〕。

$$(x, y) \equiv (0, 1) \cdot (1, 0)$$

在除數 3 的情況下，可得到下列三個解。

$$(x, y) \equiv (1, 0) \cdot (2, 1) \cdot (2, 2)$$

在除數 $p$ 的世界裡，只要考慮 $0 \leqq x \leqq p-1$、$0 \leqq y \leqq p-1$ 就好，所以滿足 $y^2 \equiv x^3 + ax + b \pmod{p}$ 的組 $(x, y)$ 的數量有限。一般來說，解的個數會隨 $p$ 增減，但是就讓我們將這個個數為 $N_p$，如此一來可得到下列的結果：

$$a_p = p - N_p$$

橢圓曲線之所以稱為模，就在於有著某種模形式的傅立葉級數展開

$$f(q) = b_1 q + b_2 q^2 + b_3 q^3 + \cdots \ (q = e^{2\pi iz})$$

當質數 $p$ 排除了有限個的例外，$a_p = b_p$ 就會成立。換言之，橢圓曲線的除數 $p$ 的解的個數會在係數出現某種模形式。

美國數學家黎貝（Ribet，1948－）根據佛列（Frey，1944－）與塞爾（Serre，1926－）的想法指出，谷山、志村猜想若是正確，意味著費馬最後定理成立。其證明的流程如下。

---

假設費馬最後定理不正確，也就是存在有滿足 $a^n + b^n = c^n$ 的整數 $(a, b, c)$。此時以佛列曲線 $y^2 = x(x-a^n)(x+b^n)$ 定義的橢圓曲線沒有模（這裡超難！）。不過，若谷山、志村猜想正確，所有的橢圓曲線都是模。前者與後者矛盾，所以費馬最後定理是正確的。

---

根據黎貝的結果，要解決費馬最後定理就只能證明谷山、志村猜想。1995 年，懷爾斯（Wiles，1953－）證明了谷山、志村猜想，確定任何「半穩定」的橢圓曲線都有模形式。佛列曲線也是「半穩定」，所以這個只能局部證明谷山、志村猜想的結果，已足夠解決費馬最後定理。此外，谷山、志村猜想在此之後也被完全證明了。

## 7.4. BSD 猜想

另一個在 21 世紀與橢圓曲線有關,卻遲遲未能解決的問題就是貝赫和斯維訥通 - 戴爾猜想(以下簡稱為 BSD 猜想)。這是由貝赫(Birch,1931-)與斯維訥通 - 戴爾(Swinnerton-Dyer,1927-2018)提出的猜想,也是古雷數學研究所的千禧年大獎難題之一。

首先將橢圓曲線 $E$ 的 $L$ 函數定義為下列的式子:

$$L_E(s) = \prod_{p \,:\, 質數} (1 - a_p\, p^{-s} + p^{1-2s})^{-1}$$

右邊的意思是,在 $p$ 不斷變更為 $2$、$3$、$5$、$7$、…這類質數之際,$(1 - a_p\, p^{-s} + p^{1-2s})^{-1}$ 的值會全部相乘。$a_p$ 與前面說明過的相同。理論上,必須根據 $(1 - a_p\, p^{-s} + p^{1-2s})^{-1}$ 微調幾個 $p$,但請恕本書省略這部分的說明。這個 $L$ 函數會擴張至複數 s 的全純函數。此時,下列的猜想應該會成立,而這也是 $BSD$ 猜想的一部分(原本的 BSD 猜想主張更一般的事情)。

猜想46 ▶ $BSD$猜想(的一部分)

橢圓曲線 $E$ 有無限個有理點,以及 $L_E(1) = 0$ 意味著同值。

第**8**項

# 表現理論
## Representation Theory

一如在群論（第2項）所解說的，群是對某種對象「作用」的體系，在此要討論的是群對向量空間作用的情況。也就是將群的元素視為向量空間的線性映射。就像這樣，群的元素會「表現」為線性映射，而研究這種「表現」方式的領域就稱為表現理論。

### 8.1. 表現的範例

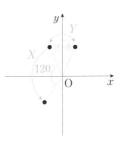

在介紹群論（第2項）時，曾說明三次對稱群 $S_3 = \{1, X, X^2, Y, XY, X^2Y\}$ 對正三角形作用的情況。一如 $X$ 為讓正三角形逆時針轉 $120°$，$Y$ 是讓正三角形沿著垂直軸對稱移動，群的元素代表正三角形的轉換方式。

讓我們將這個 $S_3$ 改成對座標平面作用吧。如此一來，$X$ 就是讓座標平面上的點或圖形以原點為中心，順著逆時針方向旋轉 $120°$，$Y$ 代表以 $y$ 軸為對稱軸，讓點或圖形進行對稱移動。與旋轉或直線有關的對稱移動都是線性映射（定義6）。同樣地，要讓 $S_3$ 的各個元素與座標平面的旋轉或軸對稱移動這類線性映射對應。

　　1：什麼都不做的轉換

　$X$：以原點為中心，旋轉 $120°$

$X^2$：以原點為中心，旋轉 $240°$

$Y$：$y$ 軸對稱移動

$XY$：以原點為中心，旋轉 $120°$，再進行 $Y$ 軸對稱移動

$X^2Y$：以原點為中心，旋轉 $240°$，再進行 $Y$ 軸對稱移動

像這樣以線性映射呈現群的每個元素就稱為表現。若要更嚴謹一點，表現具有下列的定義。

> **定義 47.　相對於群 $G$ 與向量空間 $V$，群的同態 [※1] $G \rightarrow GL(V)$ 稱為群 $G$ 的（對應 $V$ 的）表現。$GL(V)$ 是 $V$ 的線性映射，也是由具有逆映射元素組成的群。**

換言之，可將群 $G$ 的資訊轉換成與線性映射（向量空間的轉換）有關的資訊時，這種轉換方式就稱為表現 [※2]。透過這種線性映射的「表現」研究群這類代數構造的領域就是表現理論。

接下來讓我們一起思考 $S_3$ 的表現。第一種表現就如前述說明的一樣。

> **表現 A：在座標平面上，$X$ 為以原點為心中的 $120°$ 旋轉，$Y$ 為 $y$ 軸對稱移動**

表現當然不只有這些，讓我們一起思考其他的表現吧。

這次讓我們試著思考座標空間轉換的表現。在 $S_3$ 對正三角形作用的狀況下，讓我們假設頂點 A、B、C 分別代表 $x$、$y$、$z$ 座標。比方說，執行 $X$ 這個移動方式時，原本為 $x$ 的地方會變

---

※1　群的同態就是讓群 $G$、$H$ 進行映射 $f：G \rightarrow H$，使得對於任意的 $x, y \in G$ 的 $f(xy)=f(x)f(y)$ 成立。

※2　剛剛定義的「同態」是重點，不能讓群的每個元素草率地對應線性映射，必須與群的運算對應。比方說，將 $X$ 設定為以原點為中心，旋轉 $120°$ 的移動，則 $X^2$ 自然而就是進行這個操作兩次，旋轉 $240°$ 的意思。因為 必須選擇符合群的運算的線性映射，表現的數也就極為有限。

成 $z$，原本為 $y$ 的地方會變成 $x$，原本為 $z$ 的地方會變成 $y$，所以不難明白 $X$ 就是讓點 $(x, y, z)$ 轉換成「$z, x, y$」（下圖）。如此解釋之後，可得到下列的結果。

---

**表現 B**：座標空間內，$X$ 為讓點 $(x, y, z)$ 轉換成 $(z, x, y)$，
　　　　　$Y$ 為讓點 $(x, y, z)$ 轉換成 $(x, z, y)$

---

比方說，對點 $(-3, 1, 2)$ 執行 $X$，可轉換成點 $(2, -3, 1)$，執行 $Y$ 可轉換成 $(-3, 2, 1)$。$S_3$ 的六個元素代表所有 $x$、$y$、$z$ 座標的排列組合。具體來說，具有下列這些排列組合。

假設有一個點 $(x, y, z)$

$1$：轉換成 $(x, y, z)$　　　　$Y$：轉換成 $(x, z, y)$

$X$：轉換成 $(z, x, y)$　　　　$XY$：轉換成 $(z, y, x)$

$X^2$：轉換成 $(y, z, x)$　　　$X^2Y$：轉換成 $(y, x, z)$

像這樣讓群的元素分別置換成座標平面或空間的點移動，就是所謂的「表現」。

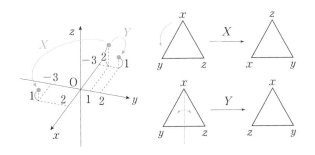

在伽羅瓦理論（ 4.2 ）也提過，「不會因為作用而改變的數」是關鍵。思考作用時，當然會思考哪些東西不會因為這個作用而改變。因此我們可以思考下列的問題。

> 　　在座標空間中，哪些直線或平面不會因為表現 $B$（也就是所有座標都互調位置）而改變？

　　以平面 $x+2y+z=0$ 為例，若思考讓 $x$ 與 $y$ 互換位置的作用（$X^2Y$），就會得到平面 $y+2x+z=0$ 這個結果，變成另一種平面。此外，平面 $x=0$ 雖然不會因為讓 $y$、$z$ 互換位置的作用（$Y$）而改變，卻會因為讓 $x$ 與 $y$ 互換位置的作用（$X^2Y$）而變成平面 $y=0$，所以到底哪些直線或平面不會因為座標互調位置而改變呢？

　　一個例子就是① 直線 $x=y=z$，也就是 $x$、$y$、$z$ 全部相等的點集合，也是直線。在這種情況下，不管 $x$、$y$、$z$ 如何互換位置，$x=y=z$ 這個式子依舊不會有

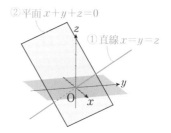

任何改變，所以直線 $x=y=z$ 不會因為 $S_3$ 的作用而改變。

　　另一個例子是②平面 $x+y+z=0$。這是 $x$、$y$、$z$ 座標相加 $=0$ 的點集合。在這種情況下，$x$、$y$、$z$ 互調位置，$x+y+z=0$ 這個式子也不會改變，所以平面 $x+y+z=0$ 不會因為 $S_3$ 的作用而改變。

　　像這樣不會因為 $S_3$ 的表現 B 而改變的直線或平面就稱為表現 B 的不變子空間。其實不會因為 $S_3$ 的表現 B 而改變的不變子空間只有①與② [※3]。

　　接下來讓我們詳細分析在這些圖形內容作用的情況吧。

---

※3　這次排除了只有原點 {0} 與整體空間的情況。

① 直線 $x=y=z$ 具有 $(a, a, a)$（$a$ 為實數）這
　類點，不管是哪個點，都不會因為 $S_3$ 的任何
　轉換而改變。換言之，若將這個現象視為 $S_3$
　的作用被侷限在直線 $x=y=z$，就能知道這是「什麼都不
　會改變」的轉換。這種現象就稱為平凡表示。

② 平面 $x+y+z=0$ 上有 $(a, b, -a-b)$（$a, b$ 為實數）這類
　點。一如這個平面的 $(-3, 1, 2)$ 會在 $x$、$y$ 座標互換下，
　轉換成 $(1, -3, 2)$，這個平面內的點也會因為 $S_3$ 的作用而
　轉換成其他的點。不過，轉換之後的點仍然位於平面
　$x+y+z=0$ 上，所以若觀察平面全體，這個平面不會因為
　$S_3$ 的作用而改變。

　　　讓我們一起觀察這個局
限於平面內部的作用變成什
麼樣吧。如右圖所示，「當
$(p, q, r)$ 轉換成 $(r, p, q)$」，
就等於在這個平面以原點為
中心，沿著逆時針方向旋轉

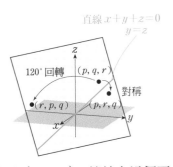

了 $120°$。此外，「$(p, q, r)$ 轉換成 $(p, r, q)$」等於在這個平
面內部沿著以平面 $x+y+z=0$ 與平面 $y=z$ 的交線（圖中
的標色粗線）進行了軸對稱移動。

　　　由此可知，出現了 $120°$ 旋轉以及軸對稱移動，在這個
平面發生了表現 A。

　　整理一下上述的狀況吧。以這次的範例而言，$S_3$ 的三維空
間的表現 B 可分解成不變子空間的直線 $x=y=z$ 與平面

$x+y+z=0$，而且若侷限於各部分來看，前者就是平凡表現，後者則等於最初介紹的表現 A：

表現B　　　　　平凡表現　　　　　表現A

$S_3$ 的 $N$ 維空間的表現通常可以像這樣分解成更低維度的表現。無法繼續分解的表現稱為不可約表現。目前已知，前例的平凡表現與表現 A 都屬於不可約表現。

一如質因數分解是數論的重點，將所有表現拆解成不可約表現也是表現理論的一大重點。表現理論具有下列重要主題：

- 找出群的所有不可約表現
- 將所有表現分解成不可約表現

$S_3$ 應該還有其他的不可約表現吧？後續將為大家解說藏在背後的深奧理論。

## 8.2.　對稱群

本書已一再地以三維對稱群 $S_3$ 為例，說明正三角形頂點的移動方式。本質上，就是由 A、B、C 這三個文字的六種排列組合所組成的群。

同樣的，讓並排成一列的 $n$ 個文字（為了方便解說，將這些文字設定為 1、2、3、…、$n$）調動位置的操作稱為 $n$ 維的置換。大家熟知的「鬼腳圖」就是讓 $1 \sim n$ 調動位置的「置換」。

比方說，將「1、2、3、4」調動為「4、2、1、3」的是四維置換，大家可參考右圖。

　　由於 $n$ 維的置換是讓 $n$ 個文字調換位置的操作，所以共有 $n!$ 的置換方式。這些置換方式可視為持續調動位置（連接鬼腳圖）的運算，也能組成群。具有 $n$ 個文字所有置換方式的群稱為 $n$ 維對稱群，在此以 $S_n$ 表示。

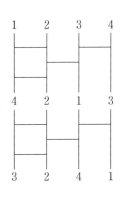

◉ 例 48.

假設將「1、2、3、4」轉換成「4、2、1、3」的置換為 $Z$。執行這個置換兩次（畫兩次「1、2、3、4」轉換成「4、2、1、3」的鬼腳圖），就會如右圖所示，讓「1、2、3、4」調換成「3、2、4、1」。這就是讓 $Z$ 連乘兩次的 $Z^2$。我們能透過這個方式思考置換的運算方式。

　　前面介紹了三維對稱群 $S_3$ 的表現例子，而 $n$ 維對稱群 $S_n$ 的表現還有一些有趣的事情，接下來僅為大家介紹相關結果。

## 8.3.　對稱群的表現理論與楊表

　　在眾多圖形中，有一種圖形稱為楊表。這是由劍橋大學數學家阿爾弗雷德・楊（Young，1873－1940）為了研究群論而採用的模式圖，後來也應用於研究對稱群的表現理論。

假設 $n$ 為自然數。如圖將 $n$ 個盒子（格子）依照「越上方的列，盒子數量越多」的規則往左上角鋪排（連續的列可以排成相同個數）。

假設第 $i$ 列的盒子個數為 $r_i$ 個，那麼這張圖就能表現如下：

$$r_1 = 4 \text{，} r_2 = 3 \text{，} r_3 = 3 \text{，} r_4 = 2$$

此外，「越上方的列，盒子數量越多」可透過下列公式表現：

$$r_1 \geqq r_2 \geqq r_3 \geqq \cdots$$

接著來思考排列 $n$ 個盒子的楊表有多少種吧。下圖是 $n = 2$、3、4、5 的所有楊表，在這些楊表下面的是與各種 $n$ 對應的楊表個數 $Y_n$ 的表格。

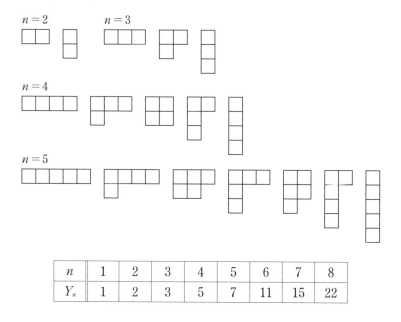

| $n$ | 1 | 2 | 3 | 4 | 5 | 6 | 7 | 8 |
|---|---|---|---|---|---|---|---|---|
| $Y_n$ | 1 | 2 | 3 | 5 | 7 | 11 | 15 | 22 |

接著來思考（標準）楊表。假設其中一種楊表為 $D$，在 $D$ 的 $n$ 個盒子中分別寫入 1 到 $n$ 的自然數，不過要依照由左至

右、由上至下的順序填入，讓越往右，以及越在下方的數字越大。讓我們將這種填完數字的楊表稱為 $D$ 型的楊表。比方說，右圖就是楊表。

| 1 | 2 | 5 | 12 |
|---|---|---|---|
| 3 | 6 | 8 | |
| 4 | 7 | 9 | |
| 10 | 11 | | |

那麼這類 $D$ 型的楊表到底有幾種呢？比方說，$r_1=3$、$r_2=2$、$r_3=1$ 的楊表共有 16 種填入數字的模式。

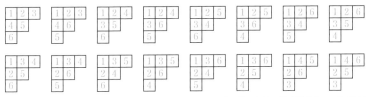

其實眾所周知，楊圖與 $S_n$ 的表現有著密切的關係，亦即如下的定理。

### 💡 定理49. $S_n$ 的不可約表現

$S_n$ 的（複數方面的）不可約表現的種類與楊表的個數相等。具體來說，就是與各種楊表 $D$ 對應的不可約表現 $V_D$，而且不可約表現 $V_D$ 的維度等於 $D$ 型楊表的個數。

這個定理也用來描述複數係數的向量空間與表現。這裡說的「表現的維度」是指該表現在哪個維度的向量空間作用的意思。比方說，表現 A 在平面作用，所以是二維，表現 B 在空間作用，所以是三維。

第8項

表現理論

◉例 50.

以下來思考 $n = 3$ 的情況。首先 $n = 3$ 的楊表共有①～③三種，各自填好數字的楊表共有 1 種、2 種與 1 種。定理告訴我們，①～③的三種楊表各有一種不可約表現。具體內容如下：

- 與①對應的是平凡表現。
- 與②對應的是表現 A。
- 與③對應的是符號表現，但本書未及介紹。

各楊表填寫數字的方法有幾種，就代表各種表現的維度有多高，這三種楊表的維度依序為 1、2、1。①的確於直線作用，②的表現 A 的確於平面作用，而③的表現也於直線作用。

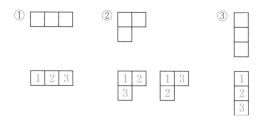

　　群的表現與排列組合理論的圖形對應這點真的十分有趣。表現理論的研究對象雖然是各種代數體係（具有運算方式的集合）的對稱性，卻與數論、量子力學以及其他理論的現象有關。

## Essential Points on the Map

☑ **表現理論**…群會於向量空間作用，而群的運算結構以向量空間（平面或空間）的轉換表現時，研究該表現的領域就是表現理論。

例 )$x$、$y$、$z$ 的排列對稱群 $S_3$ 會於 $x$、$y$、$z$ 座標互調位置的空間作用。

→ ・對稱群的表現可利用楊表分類。

・也可以探究其他代數體系的表現。

# 第 2 節

## 幾何學
### Geometry

與線性代數或微積分同等重要的點集拓樸學可說是幾何學的基礎，甚至是現代數學的基礎。這種被稱為「拓樸」的構造是處理連續性的學問，而拓樸空間則是所有領域的重要概念。

一般約會在大學三年級的時候學到「流形」這種被譽為現代幾何學核心圖形的基礎理論。

之後則會以不同的角度觀察、學習與研究拓樸空間或流形，例如研究根據連續性探討空間形狀的拓樸學（代數）、探討空間扭曲程度的微分幾何學、探討平滑空間的微分拓樸學。還有探討低維度問題的低維拓樸學。

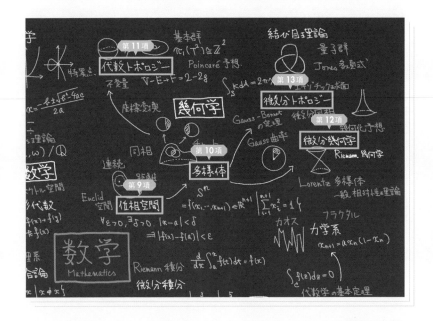

**Contents**

# 點集拓樸學
## General Topology

拓樸空間就是在集合追加「拓樸」※1 這種構造的空間。拓樸空間是於代數學、幾何學、分析學以及數學各領域當作道具使用的基礎概念。原本是為了一般化連續性概念所誕生的概念，但是定義十分抽象，也被譽為以數學為專業之際的難關。

本項要介紹的是各領域基礎概念的點集拓樸學（日本常分類為「集合與拓樸」的科目）。讓我們一起看看，在高中數學介紹的「連續」會變得如何抽象化吧 ※2。

## 9.1. 距離

讓我們先從特別的拓樸空間，也就是距離空間（賦距空間）來思考。我們平常不管去哪裡都會思考「距離」，顧名思義，「距離」就是量化兩點離得有多遠，是非常實用的絕對指標。

在數學的世界之中，也有量化集合中兩個元素分離程度的概念。而這就稱為賦距。嚴格來說，其定義如下。

---

※1　這裡的「拓樸」又稱位相（topology），與物理的位相（phase）意思不同。
※2　本項內容十分抽象，有可能讀一次讀不懂（這就是點集拓樸學）。雖然難以理解，也已盡可能簡化，以便各位讀者閱讀流形論（第10項 項）之後的內容。

**定義 51.** 集合 $S$ 的賦距是指假設 $S$ 的任意兩個元素（之後直接稱為點）為 P、Q，且函數 $d$ 為對應 0 以上的實數 $d$（P, Q），也滿足下列關係式。

- $S$ 的任一點若為 P 則 $d(\mathrm{P}, \mathrm{P}) = 0$

　　「P 與 P 的距離為 0」

- 假設 $d(\mathrm{P}, \mathrm{Q}) = 0$ 則 P $=$ Q

　　「P 與 Q 的距離為 0，代表 P 與 Q 為同一點」

- 假設 $S$ 的任意兩點為 P、Q，則 $d(\mathrm{P}, \mathrm{Q}) = d(\mathrm{Q}, \mathrm{P})$

　　「P 與 Q 的距離等於 Q 與 P 的距離」

- 假設 $S$ 的任意三點為 P、Q、R，

　則 $d(P, R) \leqq d(P, Q) + d(Q, R)$

　　「P 與 R 的距離小於等於 P 與 Q 的距離與

　　$Q$ 與 R 的總和」

**定義這種距離的集合稱為賦距空間。**

尤其最後的性質又稱為三角不等式，是距離的重要條件。所謂的三角不等式就是「三角形某一邊的長，小於等於其他兩邊的總和」（包含三點位於直線的情況）。

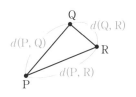

◉例 52.

- 最耳熟能詳的賦距空間就是歐幾里得空間。在高中數學學過的座標平面、座標空間就是二維與三維的歐幾里得空間。

　如下圖所示，座標平面 $\mathbb{R}^2$ 上的兩點 P（$p_1, p_2$）與 Q（$q_1, q_2$）之間的距離，可利用畢式定理求出。

$$d(\mathrm{P}, \mathrm{Q}) = \sqrt{(p_1 - q_1)^2 + (p_2 - q_2)^2}$$

此外，同樣的座標空間$\mathbb{R}^3$，2 點 P（$p_1$, $p_2$, $p_3$）、Q（$q_1$, $q_2$, $q_3$）也可用畢式定理求出：

$$d(\mathrm{P}, \mathrm{Q}) = \sqrt{(p_1 - q_1)^2 + (p_2 - q_2)^2 + (p_3 - q_3)^2}$$

這兩個的距離滿足了前述定義之中的三個條件。

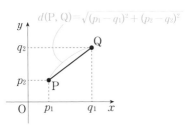

在維度更高的情況下，這個距離可以一般化。所謂的 $n$ 維歐幾里得空間就是在 $n$ 個實數組的集合

$$\mathbb{R}^n = \{(x_1, x_2, \cdots, x_n) \mid x_1, x_2, \cdots, x_n 是實數 \}$$

導入歐幾里得距離的空間。所謂的歐幾里得距離就是 P（$p_1$, $p_2$, $\cdots$, $p_n$）與 Q（$q_1$, $q_2$, $\cdots$, $q_n$）之間的距離，可透過下列的式子定義。

$$d(\mathrm{P}, \mathrm{Q}) = \sqrt{(p_1 - q_1)^2 + (p_2 - q_2)^2 + \cdots + (p_n - q_n)^2}$$

● 將兩個地點之間的距離視為歐幾里得距離是理所當然的，但是在現實世界中，從某點移動到某點時，將這種移動距離視為歐幾里得距離就顯得很奇怪，因為兩個地點之間

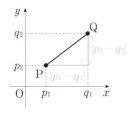

有的道路筆直，或許還沒有問題，但實際情況是，我們得沿著道路走，所以多少都會繞遠路。

　　因此，當走在只能沿著 $x$ 方向與 $y$ 方向的街區，用來計算實際步行距離的距離就稱為曼哈頓距離。意思是，當平面有 P（$p_1$, $p_2$）與 Q（$q_1$, $q_2$）兩點，曼哈頓距離就是 $x$ 座標的差與 $y$ 座標的差的總和，而曼哈頓距離可以下列式子表現：

$$d(\mathrm{P},\ \mathrm{Q}) = |\,p_1 - q_1\,| + |\,p_2 - q_2\,|$$

由於曼哈頓規劃成棋盤狀的街區，從 P 到 Q 的移動距離才會稱為曼哈頓距離（在日本，或許會稱為「京都距離」或是「札幌距離」）。

　　下圖是是歐幾里得距離與曼哈頓距離的「單位圓」。這裡說的「單位圓」指的是與所有與原點距離 1 的點的集合。

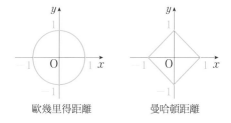

歐幾里得距離　　　　曼哈頓距離

## 9.2.　連續映射

　　接著來思考指數函數 $f(x) = 2^x$。相信大家在高中數學都學過下列的計算方式：

$$f(2) = 2^2 = 4，\quad f\left(\frac{1}{2}\right) = 2^{\frac{1}{2}} = \sqrt{2}，\quad f(-4) = 2^{-4} = \frac{1}{16}$$

那麼 $f(\sqrt{2}) = 2^{\sqrt{2}}$ 這種無理數次方又該如何定義呢？

　　$\sqrt{2}$ 大概是 1.41421356 這種無限延續的值。因此，若是如下陸續代入這些近似 $\sqrt{2}$ 的值：

$$f(1)、f(1.4)、f(1.41)、f(1.414)、\cdots$$

應該就能得到最接近 $f(\sqrt{2})$ 的值。執行這個方法後，可得到下表。

| x | $f(x)=2^x$ |
|---|---|
| 1 | <u>2</u> |
| 1.4 | <u>2.63901</u>… |
| 1.41 | <u>2.65737</u>… |
| 1.414 | <u>2.66474</u>… |
| 1.4142 | <u>2.66511</u>… |
| 1.41421 | <u>2.66513</u>… |
| ⋮ | ⋮ |
| $\sqrt{2}$ | 2.66514414… |

　　表格右欄的數不斷趨近某個值，而這個極限值為 $f(\sqrt{2})=2^{\sqrt{2}}$。這意味著，指數函數 $f(x)=2^x$，但是當 $x=\sqrt{2}$，$f(x)$ 的值就會是連續的。接下來為大家具體說明。

　　我們知道，$f(\sqrt{2})=2^{\sqrt{2}}$ 的值為 2.66514414。上表也在與 $f(\sqrt{2})$ 的值一致的位數畫了底線。當 $x=1$，$f(\sqrt{2})$ 的值與 $f(x)$ 的值只有整數部分是一致的。當 $x=1.4$，一致的部分就進展到小數點第 1 位，到了 $x=1.414$ 之後，一致的部分就進展到小數點第 2 位，$x=1.4142$ 時，就進展到小數點第 4 位。由此可知，當 $x$ 的值越接近 $\sqrt{2}$ 的值，$f(x)$ 的值也越精準。反過來說，也可以如下解釋：

- 要讓精準度提升至 $f(\sqrt{2})$ 的小數點第 1 位，
  $x$ 的值至少該是接近 $\sqrt{2}$ 的 1.4。
- 要讓精準度提升至 $f(\sqrt{2})$ 的小數點第 2 位，
  $x$ 的值至少該是接近 $f(\sqrt{2})$ 的 1.414。

● 要讓精準度提升至 $f(\sqrt{2})$ 的小數點第 4 位，
$x$ 的值至少該是接近 $\sqrt{2}$ 的 1.4142。

這就是在 $x = \sqrt{2}$ 時，$f(x)$ 的連續性。

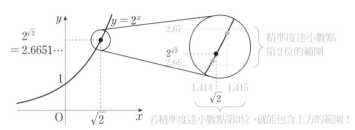

所謂 $f(x)$ 的 $x = \sqrt{2}$ 的連續是指

　　「若想讓 $f(x)$ 與 $f(\sqrt{2})$ 的差位於○○之內，

　　只須要讓 $x$ 與 $\sqrt{2}$ 的差位於□□之內」

讓○○不斷縮小，相對的就能找到最適合的□□。

　　嚴格來說，這個現象可如下描述（$\varepsilon\text{-}\delta$ 語言）

定義 53.　**當函數 $f(x)$ 的 $x = a$，此時的連續則為**
　　　　　**若 $|x - a| < \delta$ 則 $|f(x) - f(a)| < \varepsilon$**

**當 $\varepsilon$ 越趨近於 0，$\delta$ 也將越趨近於 0。**

● 例 54

假設

$$g(x) = \begin{cases} 0.1 & （x = 0 \text{ 的時候}） \\ 0 & （x \neq 0 \text{ 的時候}） \end{cases}$$

在 $x = 0$ 的時候 $g(x)$ 不為連續。以下來說明這個理由吧。

就算 $x$ 像是 0.1、0.01、0.001、……這樣不斷趨近 0，$g(x)$ 的
值還是 0。換言之，在這個方法中，實際的值 $g(0) = 0.1$ 在整

數部分是一致的，但是不管再怎麼趨近於 0，也無法在小數點第一位的部分一致。「不管 $x$ 的精準度多高，都無法讓 $g(x)$ 精準度提升到理想的地步。所以當 $x = 0$，$g(x)$ 不為連續。所謂的連續性表現了不允許如此邊烈變化的狀態。

接著試著將這個連續的概念整理成剛剛介紹的距離空間吧。

在剛剛的定義的時候，我們探討了「$x$ 與 $a$ 的差 $\{x-a\}$」以及「$f(x)$ 與 $f(a)$ 的差 $|f(x)-f(a)|$」，但在距離空間中，會以距離測量兩者的差，也就是說，會將上述的差置換成「$x$ 與 $a$ 的距離 $d(x, a)$」與「$f(x)$ 與 $f(a)$ 的距離 $d(f(x), f(a))$」。

> **定義 55.** 從距離空間 $X$（假設距離為 $d_x$）到距離空間 $Y$（假設距離為 $d_y$）的映射 $f$ 因為 $a \in X$ 而具有連續性，則
> $$若 d_x(x, a) < \delta 則 d_r(f(x), f(a)) < \varepsilon$$
> 成立，當 $\varepsilon$ 越趨近於 0，$\delta$ 也將越趨近於 0。

## 9.3.　拓樸空間

接下來總算要開始介紹拓樸空間[3]了。在距離空間中，會量化兩個地點的距離，藉此表現兩個地點的分離程度。在接下來準備介紹的「拓樸空間」中，不會進行上述的量化，而會指定這些點的「周邊或周圍」。

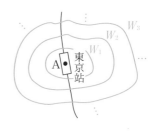

---

[3]　大多數情況下，拓樸空間都是由開集合定義。不過，本書利用「鄰域」這個概念定義（與利用開集合進行的定義相等）。之所以這麼做在於「鄰域」這個名詞比較簡單易懂，也更容易說明連續性。

　　例如人在東京站的 $A$ 先生想定義「$A$ 的周邊地區」，那麼該怎麼定義呢？

　　第一種方法就是以 A 先生從東京站出發的徒步時間定義「A 的周邊地區」。假設將東京站出發、步行 $n$ 分鐘可抵達的範圍設定為 $W_n$，那麼 $W_1$、$W_2$、$W_3$，…都是「A 的周邊地區」。從東京站出發、步行 100 分鐘能抵達的範圍 $W_{100}$ 或許已不能算是「在東京站附近」，但在此不考慮是否為「附近」這個問題，而是將「A 的周邊地區」直接定義「涵蓋 A 的地區」[※4]。

　　第二種方法是透過地址定義。假設「本州」「關東地區」「東京都」「東京 23 區」「千代田區」「丸之內 1 丁目」這些東京站隸屬的地址都是「A 的周邊地區」。雖然「本州」與「丸之內 1 丁目」的範圍差距過大，但是就名義上來說，的確都是「A 的周邊地區」。

　　這種「A 的周邊地區」相當於「A 的鄰域」這種數學概念。

　　讓我們來探討集合 $X$。利用上述方法針對 $X$ 的每個點 $p$ 定出「$p$ 的鄰域」。為此，「$p$ 的鄰域」肯定是包含 $p$ 的 $X$ 的部分集合。一如上面提到的「本州」或「關東地區」，「$p$ 的鄰域」可說是多不勝數，所以必須在這些「$p$ 的鄰域」之間指定規則，也就是下列的定義（由於是非常抽象的定義，若是不甚理解，可將「鄰域」換成「周邊地區」）。

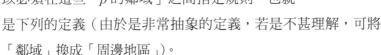

---

※4　由於目前的範例是地理位置，所以很容易想像成地理位置的遠近，但其實這個概念思考的是沒有這種遠近（距離）的集合，所以無法判斷 $W_{100}$ 是近還是遠。此外，在討論東京站附近的不動產或是東京近郊的人口增減時，究竟範圍多大還能稱為「周邊地區」，答案也會視情況而改變，因此本書將這兩種情況都稱為「A 的周邊地區」。

> **定義 56.** 對集合 $X$ 的每個點 $p$ 指定了 $p$ 的鄰域，也就是包含 $p$ 的 $X$ 的部分集合（數量非常多）。不過，必須滿足下列規則：
>
> ● 包含 $p$ 的鄰域的集合也是鄰域。換言之，假設 $p$ 的鄰域為 $U$，那麼包含 $U$ 的 $V$（$U \subset V$）也是 $p$ 的鄰域。
>
> ● $p$ 的 2 個鄰域 $U_1$、$U_2$ 的共通部分 $U_1 \cap U_2$ 也是 $p$ 的鄰域。
>
> ● $p$ 的鄰域 $U$ 也是包含 $p$ 的範圍的點的鄰域。換言之，$p$ 的鄰域為 $U$，且滿足 $p \in V \subset U$ 的 $V$ 存在，則 $U$ 為 $V$ 的任意點 $q$ 的鄰域。
>
> 此時，集合 $X$ 就稱為拓樸空間。

　　拓樸空間就是在集合加入與「鄰域」相關資料的空間。這種在集合加入某種概念的情況，數學中就稱為「空間」。

● 例 57.

試著來想一下座標平面 $\mathbb{R}^2$ 吧。假設座標平面之中有個點 $p$，那麼「$p$ 的鄰域」又有多少種呢？座標平面具有歐幾里得距離的概念，所以能利用歐幾里得距離定義鄰域。

$B(p, r)$

全是鄰域

假設從座標平面 $\mathbb{R}^2$ 的點 $p$ 到小於 $r$ 的範圍（圓的內部）為 $\mathrm{B}(p, r)$。這與「從東京站徒步走 $n$ 分的範圍」是相同的概念對吧。那麼下列的定理成立。

### 💡 定理58.　拓樸空間的 $R^2$

$B(p, r)$ 之中的正數 $r$ 會不斷改變，而具有這些 $p$ 與 $r$ 的集合稱為部分集合，若將擁有這些部分集合的集合全指定為「$p$ 的鄰域」，就滿足 定義56 的三個條件，$\mathbb{R}^2$ 則為拓樸空間。

就算是一般的距離空間，也會利用這個距離做出相同的定義，此時的距離空間便是拓樸空間。

反之，不為鄰域的情況可參考右圖。由於點 $p$ 的鄰域為「包含 $p$ 的周圍的集合」，所以當 $p$ 位於境界（邊緣），這個範圍不能稱為 $p$ 的鄰域。

不是 $p$ 的鄰域

### ◉例59.

接著提出其他的拓樸空間。

比方說，數線上有個點 $p$，若以點 $p$ 為起點，將小於距離 $r$ 的範圍視為 $B(p, r)$，再以 ◉例57 的方式探討鄰域，這條數線就成為拓樸空間。此外，座標平面上的單位圓 $C$ 也能透過相同的方式探討。假設 $\mathbb{R}^2$ 之中的 $p$ 的鄰域為 $U$，將 $U \cap C$（也就是包含 $p$ 的圓弧 $C$）定為位於 $C$ 之中的 $p$ 的鄰域，此時 $C$ 將成為拓樸空間。利用相同的方式界定鄰域，座標平面中的各種部分集合都可以成為拓樸空間。

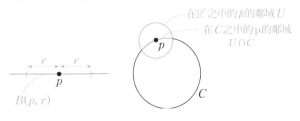

在 $\mathbb{R}^2$ 之中的 $p$ 的鄰域 $U$

在 $C$ 之中的 p 的鄰域 $U \cap C$

$B(p, r)$

$C$

使用這種鄰域的概念就能定義一般拓樸空間的「連續」。

> 定義 60.　所謂從拓樸空間 $X$ 到拓樸空間 $Y$ 的映射 $f$ 在 $a \in X$ 的情況下為連續，代表若能對 $f(a)$ 的任意鄰域 $V$ 界定 $a$ 的鄰域 $U$，$U$ 之內的點 $f$ 所創造的範圍都會進入 $V$。

意思是，只要進入十分「接近」$a$ 的範圍，就能進入指定的 $f(a)$ 的「鄰近」範圍。

連續性透過鄰域概念徹底抽象化了。在點集拓樸學中，會針對這類抽象化的連續性、極限、開集合或閉集合概念探索相關的性質。

## 9.4.　同胚

為了說明後續介紹的幾何學，在此說明「同胚」這個名詞。

> 定義 61.　在兩個拓樸空間 $X$ 與 $Y$ 之間，有映射與對應的逆映射，而當兩個映射都為連續，代表 $X$ 與 $Y$ 為同胚。

也就是說，所謂 $X$ 與 $Y$ 同胚是指，$X$ 與 $Y$ 透過連續的映射互相轉換的意思。大家可以想像一下，當我們拉開橡膠模，點 $p$ 的周邊與位於點 $p$ 周邊的部分都會跟著被拉開，同理可證，在同胚映射之間，鄰域會互相對應，「鄰近的範圍在拉開後，依舊是鄰近的範圍」。在後續介紹的代數拓樸學中，會將這種彼盤同胚的圖形（拓樸空間）視為相同的圖形，藉此逐步分類圖形。

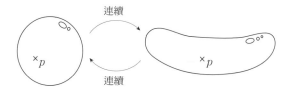

## 9.5. 其他與拓樸空間有關的用語

在此介紹幾個後面會用到的用語（接下來會繼續介紹後面的內容，大家可視情況複習這部分的內容）。

所謂拓樸空間之內的圖形 $Y$ 的邊界就是圖形 $Y$ 的內部與外部的界線。讓我們以更加嚴謹的方式說明。在右圖的平面圖形 $Y$ 中，位於圖形 $Y$ 中

的點 $p$ 可畫出位於圖形 $Y$ 中的鄰域，但是點 $q$ 卻不行，因為不管怎麼劃分鄰域，一定會出現位於圖形 $Y$ 的部分與超出圖形 $Y$ 的部分。這代表點 $q$ 位於圖形 $Y$ 的邊界。

無法完整包含邊界的圖形稱為開集合，包含所有境界的圖形稱為閉集合。比方說，位於座標平面內的單位圓的內部（$x^2+y^2<1$）未完整包含

開集合　　閉集合

邊界（單位圓的圓周），所以是開集合，而單位圓本身（$x^2+y^2 \leq 1$）則因為完整包含了邊界，所以是閉集合。

緊緻空間也是拓樸空間的重要性質，代表的是某種「有限性」。由於嚴謹的定義非常艱澀，所以只透過歐幾里得空間之內的圖形說明。所謂的緊緻空間是指不會無限延續（有邊界的）

沒有邊界

的閉集合。直線與平面都是能無限延伸的圖形，所以沒有邊界，因此不是緊緻空間。單位圓本身（$x^2+y^2 \leq 1$）則因為有邊界，而且是閉集合，所以是緊緻空間。

## Essential Points on the Map

### ☑ 幾何學的對象與領域

思考下列這種在集合加入各種構造的對象：

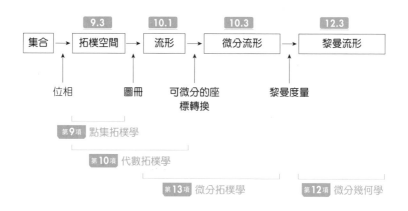

☑ **距離空間**…導入測量絕對的「鄰近範圍」的空間。

↓ 一般化

☑ **拓樸空間**…將抽象化的「鄰近範圍」導入集合的空間。

→ 是為了觀察函數與映射的連續性所設計的空間。除了幾何學，也出現於
  代數學、分析學的基本空間。

# 流形論
## Manifold Theory

## 10.1. 何謂流形？

幾何學是討論圖形的學問。現代幾何學（包含拓樸學）所討論的圖形主要是拓樸空間以及在拓樸空間加入構造的「流形」。那麼到底什麼是「流形」呢？

我們都住在地球上，但幾乎不會「一邊想著整顆地球，一邊生活」。一如住在東京的人會使用東京周邊的地圖，住在巴黎的人會使用巴黎周邊的地圖，我們其實住在將地球某塊極小區域畫成地圖的範圍之內。這對我們的生活不會造成任何影響，但是早期的人卻思考起這個世界的模樣。雖然某個時代曾認為地球是平面的，但現代人早已利用各種技術知道「地球是球面」的。換言之，大家都知道這些地區的地圖於球面「貼合」，也知道整個地球形成一個球面。

那麼，對現代人來說，宇宙又是什麼形狀呢？遺憾的是，我們還不知道。如果以古代人對地球的印象來比喻，大概可以知道地球的周邊是個歐幾里得空間，但目前還不知道由這個歐幾里得空間「貼合而成」的空間長什麼形狀。

一如從宇宙眺望地球就會知道地球是球面，如果在簡單易懂的歐幾里得空間之中有個圖形，而我們能從外部觀察這個圖形，某種程度就能輕鬆地研究這

從外太空看地球，就知道地球是個球面

個圖形。但是，如果這個圖形是宇宙呢？如果能從宇宙的外側
觀察宇宙就能知道宇宙的形狀了，但很可惜，我們做不到。幾
何學的主要問題就是針對這種「什麼箱體空間都無法容納的圖
形」，從內部觀察這個圖形的真面目，而這個「什麼箱體空間都
無法容納的圖形」就稱為流形。

　　我們這次要觀察的「流形」又該如何定義呢？答案一如前
述，即「由狹小範圍的地圖貼合而成的空間」。

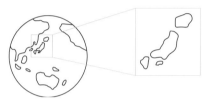

　　一如地球是球面，各點的鄰域都是歐幾里得平面與同胚
（歐幾里得平面與連續映射轉換而來的構造， 9.4 ），由這些平
面與同胚貼合而成的圖形稱為二維流形。地球這種球面 $S^2$ 就是
具代表性的二維流形。

　　若是進一步一般化，各點的鄰域是 $n$ 維歐幾里得空間與同
胚貼合而成的拓樸空間時，這種拓樸空間稱為 $n$ 維流形。這種
圖形即為幾何學的討論對象。

◉例 62.

- 圓周 $S^1$ 是一維流形。如右圖，切開
  圓周上任一點的鄰域之後，會得到
  直線內的開區間與同胚，圓周就是
  由這個開區間貼合而成。

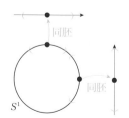

一般來說，$S^n$（$n$ 為自然數）就是 $n$ 維流形，相關定義為

$$S^n = \{(x_1,\ x_2,\ \cdots,\ x_n,\ x_{n+1}) \in \mathbb{R}^{n+1} \mid x_1^2 + x_2^2 + \cdots + x_{n+1}^2 = 1\}$$

換言之，這是所有與 $n+1$ 維歐幾里得空間的原點距離為 $1$ 的點的集合。$S^1$ 為圓周，$S^2$ 為球面。$S^2$ 為流形這點將在後面繼續說明。

環面 $T^2$ 則是長得像甜甜圈表面的二維流形。對於住在大環形上面的人來說，差不多跟住在地球的感覺一樣，會覺得自己生活的範圍就像平面一樣，所以從局部來看，環形也是歐幾里得平面與同胚，也是由歐幾里得平面與同胚貼合而成的圖形。

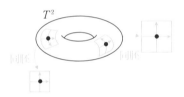

接著為大家介紹流形的嚴謹定義 [1]。

**定義 63.** 　**拓樸空間 $X$ 為** $n$ 維（拓樸）流形**是指屬於拓樸空間 $X$ 的各點 $x$（$x \in X$）都有鄰域 $U$ 與 $\mathbb{R}^n$ 的開集合（ 9.5 ）$V$，兩者之間存在著同胚映射 $f : U \to V$。**

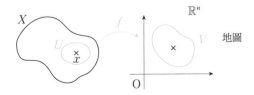

---

※1　流形的定義通常須要具備「郝斯多夫空間」與「仿緊空間」這類性質。

接著要試著根據這個定義，更嚴謹說明球面 $S^2$ 為什麼是流形。將球面 $S^2$ 視為流形的意思是，根據 $S^2$ 的每個點製作局部地圖，再將所有局部地圖集合成平面的「地圖冊」。

讓我們將 $S^2$ 當成地球來說明吧。假設眼前有一個包含北極點 $(0, 0, 1)$ 的半球 $U_1$，也就是地球 $z>0$ 的部分（不包含赤道）。假設有一道光從北極點的正上方往下照，可將影子形成的平面稱為 $xy$ 平面，而半球球面上的點 $(p, q, r)$ 則與 $xy$ 平面的點 $(p, q)$ 對應，相當於這種對應關係的函數如下：

$$f:(\text{北半球 } U_1) \to (xy \text{ 平面的單位圓的內部 } V)$$

$$f(p, q, r) = (p, q)$$

如此一來，北半球 $U_1$ 的點與 $xy$ 平面上的單位圓內部 $V$ 的點完全對應。比方說，會是下面的情況：

$$f(0, 0, 1) = (0, 0) \cdot f\left(-\frac{1}{2}, \frac{1}{2}, \frac{1}{\sqrt{2}}\right) = \left(-\frac{1}{2}, \frac{1}{2}\right)$$

這種對應關係就是同胚映射，彼此是連續映射。我們成功地利用這個對應關係 f 將北半球 $U_1$ 畫在平面的地圖 $V$，差不多就是下圖的感覺。

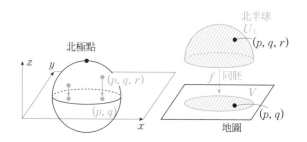

這個「北半球」地圖包含的範圍 $U_1$（座標鄰域）與對應這個地圖的 $f$ 的組（$U_1, f$）稱為座標卡（chart，有海圖或圖表的意思）。就像我們平常所看的地圖，也都是先擷取地球上的一部分再描繪到平面上的圖，所以如此命名 [※2]。

不過，若只使用這個方法，無法替地球上的每個點繪製地圖，能畫成地圖的只有北半球。因此這次讓我們以相同的方式繪製南半球吧。這次是利用下列的對應關係思考 $(U_2, g)$ 這個座標卡。與剛剛不同的地方只有要思考 $r$ 為正值還是負值而已。

$$g：（南半球 U_2）\rightarrow（xy 平面的單位圓內部 V）$$

$$g(p, q, r) = (p, q)$$

如果進一步發展這個邏輯，可將赤道上的（1, 0, 0）視為位於正中央的半球（在此稱為右半球），也能讓這個半球於 $yz$ 平面投影。這就是利用下列的對應關係思考（$U_3, h$）這個座標卡。

$$h：（右半球 U_3）\rightarrow（yz 平面的單位圓內部）$$

$$h(p, q, r) = (q, r)$$

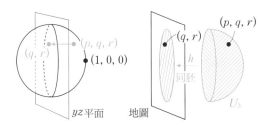

$(p, q, r)$　$(q, r)$　$(1, 0, 0)$　$yz$ 平面　地圖　同胚　$(q, r)$　$(p, q, r)$　$h$　$U_3$

---

※2　當然不會是直接描繪，而是用從平面正上方打光的投影方式描繪，所以距離與角度不一定正確，但是連續性的位置關係卻不會改變。

　　只要依樣畫葫蘆，不管是球面上的哪個點，都能讓包含這個點的半球投影在圓板上，製作該半球的地圖。

　　由此可知，要覆蓋整個地球需要非常多的座標卡（地圖），而這些座標卡的集合就稱為圖冊（altas）。流形就是在拓樸空間加入圖冊這種構造的空間。換句話說，透過這個圖冊看到的世界，就是地圖貼合而成的空間，也就是所謂的流形。

◉例 64.

比方說，右圖這種球面長了一根分枝的構造就不是流形。不管怎麼繪製，這個分枝的鄰域都無法在連續性相對位置未改變的情況下，投影到平面的地圖。

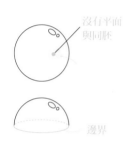

沒有平面
與同胚

邊界

右邊這種北半球的表面（包含赤道，不包含剖面）稱為帶有邊界的流形。讓圖形中斷的赤道就是邊界。本書未介紹這種流形。

本書會介紹的是重要性越來越高的閉流形與閉曲面。所謂的閉流形就是沒有邊界的緊緻（ 9.5 ）流形。下圖都是閉流行，而球面或是環形這類平面的圖形就稱為閉曲面。

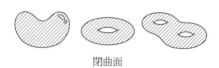

閉曲面

## 10.2.　座標轉換

　　我們已經知道，流形就是以眾多的點的鄰域為歐幾里得空間的這種地圖所繪製而成的空間。這些地圖當然也有重疊的部分。以一般的圖冊為例，有日本近畿地區的地圖就會有中國地區的地圖，但是兵庫縣位於這兩個地區的交界（嚴格來說是屬於近畿地區），所以不管是近畿地區的地圖還是中國地區的地圖，都會包含兵庫縣的部分區域。雖然兩邊的地圖都能看到這塊重疊的地區，但是標記的位置（座標）卻大不相同。

　　以這次的例子來解說吧。以剛剛的地球圖冊為例，假設北半球 $U_1$ 與右半球 $U_3$ 的重疊部分為 $U_1 \cap U_3$，指的就是球面上 $z>0$ 且 $x>0$ 的部分（四分之一的球面）。在北半球 $U_1$ 這邊有座標卡（$U_1, f$），在右半球 $U_3$ 這邊有座標卡（$U_3, h$）。位於北半球與右半球重疊部分 $U_1 \cap U_3$ 的點 $A$（$p, q, r$）在 $U_1$ 的座標為（$p, q$），在 $U_3$ 的座標為（$q, r$）。雖然座標在兩邊的地圖不同，卻都代表同一個點。

　　地圖像這樣出現重疊部分，可透過兩種方式選擇座標時，大家會對這兩個座標的關係產生興趣嗎？以此為例，（$p, q, r$）是球面上的點，所以滿足 $p^2+q^2+r^2=1$ 的關係，因此，在 $z$ 座標 $r$ 為正的北半球這邊，$r=\sqrt{1-p^2-q^2}$，所以 $U_3$ 的座標（$q, r$）若代入 $p, q$，就能改寫為（$q, \sqrt{1-p^2-q^2}$）。如此一來，就能從 $U_1$ 的座標（$p, q$）轉換成 $U_3$ 的座標（$q, \sqrt{1-p^2-q^2}$），而進行這種轉換的函數就是下面這個函數。

$$\varphi(p, q) = \left(q, \sqrt{1-p^2-q^2}\right)$$

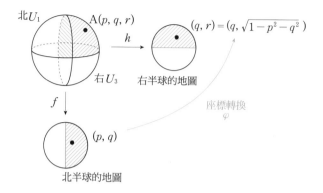

●例 65.

讓我們一起思考位於北半球 $U_1$ 地圖的點 $\left(\dfrac{1}{\sqrt{2}}, \dfrac{1}{\sqrt{3}}\right)$ 吧。這個點在右半球 $U_3$ 地圖的座標如下：

$$\varphi\left(\dfrac{1}{\sqrt{2}}, \dfrac{1}{\sqrt{3}}\right) = \left(\dfrac{1}{\sqrt{3}}, \dfrac{1}{\sqrt{6}}\right)$$

這個點與地球上的點 $\left(\dfrac{1}{\sqrt{2}}, \dfrac{1}{\sqrt{3}}, \dfrac{1}{\sqrt{6}}\right)$ 對應。

　$\varphi$ 這種表現地圖重疊部分的座標的函數稱為座標轉換函數。也就是表現「地圖貼合方式」的函數。

## 10.3.　微分流形

　在導入流形這個概念之後，就能開始探討流形的微積分。為此，必須在上述的座標轉換加上條件，因為要執行微積分，「地圖貼合方式」就必須夠平滑才能夠微分，這種座標轉換函數可微分的流形稱為微分流形。

　一般的拓樸流形與追加平滑條件的微分流形的差異非常重要，所以這個部分會在後續的微分拓樸學（第13項）進一步介紹。

# 代數拓樸學
## Algebraic Topology

拓樸學是研究拓樸性質，也就是將重點放在連續性、研究圖形（拓樸空間）的學問。其中的代數拓樸學則是利用群（ 第2項 ）這種代數學工具進行研究的學問。

## 不變量

在說明拓樸學之前，要先聊聊「分類圖形」這個幾何學的目的。在分類圖形的時候會用到不變量這個概念。首先以歐幾里得幾何為例（在高中學習的幾何學）來說明吧。

假設如下圖所示，平面上有 $A$、$B$ 兩個多邊形。我們會將這兩個圖形視為「不同」的圖形，這是為什麼呢？「頂點的數量不同」應該是答案之一對吧？$A$ 的頂點為 3 個，$B$ 的頂點為 4 個。每種多邊形都有固定的「頂點數量」，也因為頂點的數量不同，我們才會將這些多邊形視為「不同」的圖形。

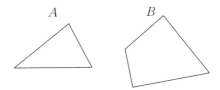

那麼，我們會將下列 $C$、$D$ 這兩個多邊形視為「不同」的圖形嗎？

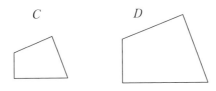

　　其實在分類圖形時，必須先釐清哪裡「不一樣」。如果將標準訂為只有能彼此完整重疊的圖形才算是「相同」的圖形，那麼 C 與 D 就是「不同」的圖形。如果將縮放之後形狀類似的圖形視為「相同」的圖形，那麼 C 與 D 就是「相同」的圖形。由此可知，分類圖形時，一定要先決定要以何種基準判斷圖形是「相同」還是「不同」。

　　接著來設定一個分類圖形的基準吧。不管是以全等，還是以相似為基準，「頂點的數量」都是分類多邊形的重要指標，這是因為全等（或是相似）的兩個多邊形頂點數量必定相同；反之，當頂點數量不同，就不可能是全等或相似的圖形。

　　假設「彼此＊＊的圖形，＝＝的值相等」成立，那麼「＝＝」就稱為與「＊＊」有關的不變量。例如頂點的數量就是與多邊形的全等、相似有關的不變量。不變量在分類圖形時扮演非常重要的角色。不變量雖然只是這個圖形的部分資訊，卻是能用來區分圖形的道具。因為「不變量不同，圖形就不同」。

●例 66.

假設利用「面積」分類多邊形，那麼以全等為分類多邊形的基準時，「彼此全等的多邊形面積相等」（面積不同的兩個多邊形不為全等）則成立。因此，面積是與全等有關的不變量，這個不變量可在利用全等這個基準分類多邊形時派上用場。另一方面，若以相似這個基準分類多邊形，「彼此相似的多邊形不一定面積相等」，所以面積不是與相似有關的不變量，無法在以相似為基準來分類多邊形時派上用場。

　　幾何學的大目標就是分類圖形，主要是使用這類代表圖形特徵的「不變量」進行分類，所以為了能更快區分更多圖形，才會定義各種更實用的不變量，而且使用不變量也很重要。

　　接下來介紹的拓樸學是透過「同胚」這種關係分類拓樸空間或流形的學問。換言之，幾何學將連續映射的圖形視為相同的圖形。

◉例 67.

在拓樸學的世界裡，會將球體與沒有握把的杯子視為相同的圖形（同胚），這是因為不須要揉捏球體的黏土，也不須要將球體的黏土黏在另一個地方，就能讓球體變形成杯子。同理可證，甜甜圈與有握把的杯子也是相同的圖形，因為兩者都有一個洞。

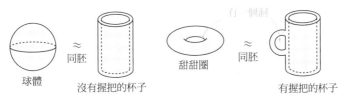

接下來要介紹幾個以透過「同胚」分類圖形所需的不變量（拓樸不變量）。

## 11.2.　連通成分

　　拓樸學最基本的拓樸不變量就是「連通成分」的個數。顧名思義，「連通成分」就是「連通」的部分。

◉例 68.

若將右圖的平面圖形 $X$ 視為一個整體，可以分成三個連通成分。

連通成分的個數就是與同胚有關的不變量。就算是以同胚映射方式變形，連通成分的個數也不會改變。盡管連通成分是再理所當然不過的不變量，但讓我們試著利用連通成分分類圖形（拓樸空間）吧。

比方說，直線與圓周並非同胚，也就不是連續映射而來的圖形。我們該如何說明兩者不是同胚這件事呢？

直線與圓周都是一個完整的圖形，換言之，是連通成分的個數只有1個的圖形，我們也無法透過這點區分直線與圓周。因此讓我們試著從直線與圓周拿掉一個點，結果會發現，直線分裂成2個連通成分，但圓周的連通成分還是只有一個，而這就是直線與圓周的決定性差異。

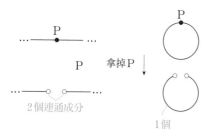

如果直線與圓周為同胚，那麼就算拿掉一個點，應該還是同胚。不過，直線與圓周在拿掉1個點之後，連通成分的個數就變得不一樣，也不再是同胚，因此原始的直線與圓周也不是同胚。

## 11.3.　歐拉示性數

接著要介紹的是「歐拉示性數」這個拓樸不變量。應該有些讀者知道這與多面體有關。本書將多面體定義為「由多個多邊形圍成（可能有洞）的立體」。下列的定理也相當有名。

💡 **定理69. 歐拉多面體定理**

假設沒有洞的多面體頂點數為 $V$、稜數為 $E$、面數為 $F$，則下列的式子成立。

$$V - E + F = 2$$

這個 $V-E+F$ 的值就是歐拉示性數。

◉ 例 70.

下表整理了正四面體、正六面體、正十二面體、足球（各面平坦）的 $V$、$E$、$F$ 值。從中可以發現，這些多面體都滿足 $V-E+F=2$ 這個式子。

|   | 正四面體 | 正六面體 | 正十二面體 | 足球 |
|---|---|---|---|---|
| $V$ | 4 | 8 | 20 | 60 |
| $E$ | 6 | 12 | 30 | 90 |
| $F$ | 4 | 6 | 12 | 32 |

這種歐拉示性數也可用來觀察（可能帶有方向[1]）的閉曲面（◉例64）。以球體為例。假設眼前這顆球體是由黏土捏成，接著適當地壓扁表面，讓這個球體變成多面體。比方說，將球體的表面壓成正四面體。正四面體的歐拉示性數為 2。如果將球體的表面壓成 12 個平面，就能將球體壓成正十二面體，此時歐拉示性數依舊是 2。

---

[1] 誠如其名，因為是可以訂定「方向」的曲面，球面與環面也能帶有方向。此處省略了詳細的敘述。

第 **11** 項

代數拓樸學

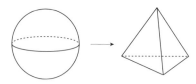

　　我們可根據這種由壓扁球體表面的方式製造的多面體計算歐拉示性數。由於不管壓成哪種多面體，都能證明歐拉示性數為 2，所以可說成「球面的歐拉示性數為 2」。我們可利用相同的方式計算各種曲面的歐拉示性數。

　　比方說，環面（甜甜圈）的情況又是如何呢？將環面分割成多個四邊形之後，可得到類似下列的情況（有洞的多面體）。

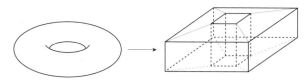

　　此時若是計算這個立體的歐拉示性數，會得到下列結果：

$$V - E + F = 16 - 32 + 16 = 0$$

經過整理之後，可得到下列這個與曲面的歐拉示性數有關的重要定理。

---

### 💡 定理71. 曲面的歐拉示性數

假設閉曲面的孔數為 g（有可能帶有方向），此時的歐拉示性數為

有 $g$ 個洞或孔

$$V - E + F = 2 - 2g$$

　　曲面的歐拉示性數會隨著洞或孔的數量改變，當 $g=0$，就是 [💡|定理69] 的歐拉多面體定理；當 $g=1$，就是上述的環面。

　　眾所周知，曲面的洞數若是相同，代表這些曲面為同胚；洞數不同則不為同胚。換言之，以同胚與否分類曲面時，只須要先知道洞數，而歐拉示性數則會隨著洞數而改變。綜上所述，歐拉示性數可說是非常實用的拓樸不變量，可讓我們快速分類曲面。

　　觀察更一般的拓樸空間時，可利用同調群計算歐拉示性數。所謂的同調群就是各拓樸空間或流形特定的群（[第2項]）。這個同調群是與同胚有關的拓樸不變量，常用來分類拓樸空間或流形，換言之，歐拉示性數與同調群都是可計算求得的拓樸不變量，也是相同重要的拓樸不變量。

## 11.4.　基本群

　　接著介紹基本群這個重要的拓樸不變量。

　　為了方便解說，我們以閉曲面（●例64）為例，同時固定閉曲面上面的 P 點，接著在這個曲面探討起點與終點都是 P 的連續曲線（$0 \leq t \leq 1$，且帶有參數）。此時以 P 為起點與終點的曲線就稱為路徑。

　　假設曲面有兩條以 $P$ 為起點、終點的路徑 $\ell$ 與 $m$。當可在曲面上將 $\ell$ 扭曲成 $m$，代表 $\ell$ 與 $m$ 為同倫（homotopic）。若將同倫的路徑視為相同的路徑，那麼曲面上有幾條不同的路徑呢？

路徑

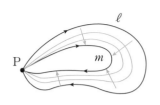

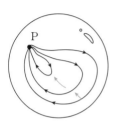

　　讓我們以球面為例吧。在球面上以 P 為起點與終點的所有路徑都互為同倫。一如站在 P 點的人將繩子往回拉，繩子就會連續變形一樣，所有路徑都是「固定在 P 點的路徑」，換言之，所有路徑都是「固定在 P 點的路徑」而且是同倫的路徑。將同倫的路徑視為相同的路徑時，不同的路徑就只有一條。

　　接著以環面的例子說明。左下圖的路徑 $s$ 與球面的例子一樣，是「固定在 P 點的路徑」，所以是同倫的路徑，但是正中間與右邊的路徑 $t$ 與 $u$ 卻無法全部回收到 P 點。由於路徑無法離開環面的表面，所以會被洞卡住。

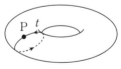
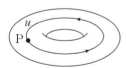

　　這種針對由彼此不為同倫的路徑所組成的集合，思考路徑連接方式的群（以 P 為基點）稱為基本群。球面上以 P 為起點與終點的所有路徑都是「固定在 P 點」且互為同倫的路徑，所以球面的基本群只有一個元素。假設基本群只有一個元素，也就是所有的路徑都能收縮到 P 點，這種拓樸空間就稱為單連通。

　　另一方面，目前已知，環面的基本群有無限個元素。比方說，下圖的路徑 $t$ 是由 3 個、路徑 $u$ 由 1 個元素組成。環面的基本群是由 $N$ 個元素組成路徑 $u$，以及由 $M$ 個元素組成路徑 $u$ 的所有路徑（$N$、$M$ 為整數 [※2]）所組成的群。

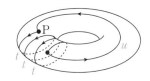

　　基本群也是拓樸不變量的一種，是用來分類拓樸空間或流形的重要工具。

　　與拓樸學有關的重要問題將在微分拓樸學（ 第13節 ）介紹。

## Essential Points on the Map

☑ **流形**…由局部地圖貼合而成的空間。

例）球面 $S^2$ 就是由局部平面地圖貼合成
整體。

　　一如我們只能從宇宙的內部了解宇宙的形
狀，流形正是幫助我們從圖形內部觀察圖形的幾
何學！

☑ **拓樸學**…將透過連續映射變形的圖形（同胚的圖形）視為相同的圖形再進
行分類的領域。

　　在拓樸學的世界裡，會從圖形擷取「不變量」再分類圖形。
→ 例如連通成分（ 11.2 ）的個數、基本群（ 11.4 ）、
　歐拉示性數（ 11.3 ）、同調群等。

第**12**項

# 微分幾何學
## Differential Geometry

顧名思義，微分幾何學就是透過微積分研究圖形（流形）的領域。代數拓樸學（拓樸空間或拓樸流形）只將注意力放在連續性，所以只要「連通方式」一樣，就會將變形之後的圖形視為相同，反觀微分幾何學（黎曼流形）還從「長度」及「角度」觀察流形，所以以「變形」的自由度也跟著減少。若說拓樸學是「柔軟靈活」的幾何學，微分幾何學就是「堅硬頑固」的幾何學。

## 12.1. 曲率

首先來觀察座標空間 $\mathbb{R}^3$ 的曲面這種內嵌於空間中的圖形。這時也會用超出這個圖形的資訊（法向量）來研究這個圖形。

在微分幾何學中，用於測量曲線或曲面彎曲程度的曲率是非常重要的量。

先從平面中的曲線解說起吧。要於下圖測量從點 A 到點 B 的曲線 $\Delta s$ 有多麼彎曲時，到底該怎麼測量呢？

假設點 A 到點 B 有無數個點，此時讓我們來思考與曲線垂直相交，且長度為 1 的法向量[※1]（也就是與曲線垂直的向量）。要注意的是，從曲線的行進方向來看，法向量的方向是朝左

---

※1 在曲線的階段，雖能用切線而非法線來思考，但為何關注於法線這點，在之後思考曲面時就會清楚知道了。若要具體說明，關於要在曲面上點訂定「切線」的方式雖有無限個，但不論是平面內的曲線還是空間內的曲線，與之相對的「法線」都固定為一條。

的。只要在從 A 移動到 B 的時候，測量法向量的方向有多少變化，應該就能測出曲線的彎曲程度。

接著來透過下列步驟實際測量這條曲線的彎曲程度。由於法向量的長度都是 1，所以將 A 到 B 的所有點的法向量起點放在同一點時，這些法向量的終點就會落在單位圓周上，而這個終點在圓周上的 A 點到 B 點移動了多少，也就是所謂的弧長（以逆時針方向為正值），這個弧長會與變化的角度 $\Delta\theta$（弧度）相等。

要在點 A 測量瞬間的彎曲程度就要讓點 B 無限接近點 A。當點 A 到點 B 的移動量趨近於 0，此時角度的變化比例 $\dfrac{\Delta\theta}{\Delta s}$ 的極限絕對值就是點 A 的曲率。

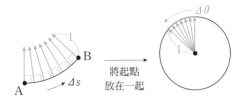

將起點放在一起

●例 72.

● 以下以直線說明。假設法向量的方向如下圖般固定，也就是 $\Delta\theta$ 恆定為 0，曲率當然也是 0。

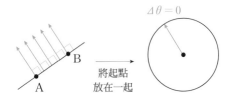

將起點放在一起

● 接著以半徑為 $r$ 的圓周來說明。假設如下圖所示，從圓周上的點 A 逆時針出發，前進了長度 $\Delta s$ 之後，抵達了點 $B$，此時點 A 到點 B 的圓心角為 $\dfrac{\Delta s}{r}$，與方向量方向的變化 $\Delta \theta$ 相等，則 $\dfrac{\Delta \theta}{\Delta s} = \dfrac{1}{r}$ 這個式子成立。因此半徑 $r$ 的圓周在任意點上的曲率為 $\dfrac{1}{r}$。

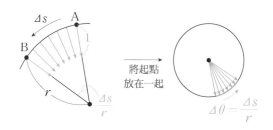

　　接著來探討三維空間中的曲面。我們該如何在曲面上測量點 A 的曲率呢？

　　假設 A 的周圍有一個小區塊 $D$，$D$ 的各點的法向量長度為 1，如此一來，就能在 $D$ 移動的時候，觀察法向量方向的改變量，測出這個曲面的彎曲程度。

　　由於法向量的長度都為 1，所以將所有法向量的始點放在一起時，所有法向量的終點就會落在單位球面上。假設由這些終點在球面畫出的區塊為 $f(D)$，以及這個區塊的面積為 $S(f(D))$，那麼 $D$ 的面積 $S(D)$ 與 $S(f(D))$ 的比就是 $\dfrac{S(f(D))}{S(D)}$。當這個比越大，代表在 A 附近的法向量的方向變化越激烈，也代表彎曲程度更大。要測量點 A 的瞬間彎曲程度，就必須讓 $S(D)$ 趨近於 0，而此時點 A 的瞬間彎曲程度就稱為高斯曲率。

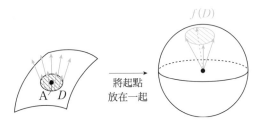

● 例 73.

• 讓我們思考平面的情況。法向量的方向是固定的，而 $f(D)$ 只是一個點，至於面積 $S(f(D)) = 0$，所以平面上任一點的高斯曲率也為 0。

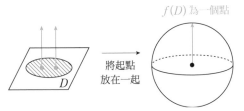

• 接著思考半徑為 $r$ 的球面情況。假設球面有個點 $A$，附近的區塊為 $D$，單位球面上的區塊 $f(D)$ 與 $D$ 為相似的圖形，面積為 $\dfrac{1}{r^2}$ 倍。由於 $\dfrac{S(f(D))}{S(D)} = \dfrac{1}{r^2}$，所以球面上任一點的高斯曲率為 $\dfrac{1}{r^2}$。

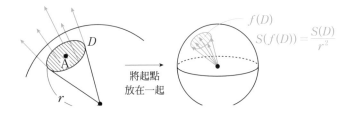

接著探討圓柱體側面的情況。假設圓柱體側面有一塊區塊 $D$，讓我們思考在這個區塊 $D$ 之中的各點的法向量。就算讓這些點往圓柱體底部垂直移動，法向量的方向也不會改變，所以 $f(D)$ 為線段。由於 $S(f(D)) = 0$，圓柱體側面的任一點高斯曲率即為 0。

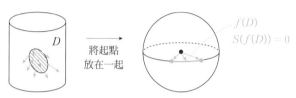

假設如下圖所示，有一個在某個方向往下凸，在另一個方向往上凸的曲面，而這個曲面中有個點 $A$，以上述方式探究 $D$ 與 $f(D)$ 之後，從 $D$ 到 $f(D)$ 就等於翻面。此時的 $S(f(D))$ 會是該面積的負倍（帶有符號的面積），高斯曲率也將是負數。

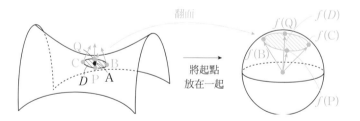

　　由此可知，高斯曲率這類曲率是曲面的重要資訊，也衍生出下述的重要結果——高斯博內定理。

## 12.2. 高斯博內定理

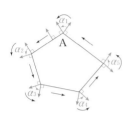

　　讓我們觀察平面多邊形邊上各點的法向量。如圖所示，從頂點 A 出發，沿著多邊形的邊走一圈，觀察法向量的方向有多少變化。雖然在邊上移動時，法向量的方向不會改變（曲率為 0），但還是可以發現，經過頂點時，法向量的方向會瞬間改變（圖中的 $a_1$、$a_2$、…、$a_5$）。這些變化量的總和（$a_1+a_2+\cdots+a_5$）會等於 $2\pi$（$=360°$）。不管是哪種多邊形，這個值都是固定的。這不過是在說繞多邊形一週之後，法向量的方向會跟著繞一圈，回到原本的方向而已。國中時學過的多邊形外角和一定等於 $360°$，就跟這個原理是相同的。

　　接著來思考起點與終點一致但不自行相交的平滑曲線 $C$。此時法向量的方向應該是連續變化的，讓我們試著「加總」這個連續變化的方向。在此要使用代表「瞬間彎曲程度」的曲率。與前述的多邊形一樣，沿著曲線 $C$ 加總曲率 $k$ 之後的值（絕對值）等於法向量的方向繞了一圈之後的角度的變量 $2\pi$。這個過程可以整理成下列公式（嚴謹的說明就予以省略）。

$$\left|\int_C \kappa ds\right|=2\pi$$

（$ds$ 為曲線 $C$ 沿線的線素）

　　這個曲面版的部分有下述的知名定理。

> ⓥ | **定理 74.　高斯博內定理**
>
> 假設閉曲面 $S$ 的歐拉示性數為 $\chi$，高斯曲率為 $K$，此時下列
> 的公式成立：
>
> $$\int_S K dA = 2\pi\chi$$
>
> （不過，$dA$ 為曲面的面積元，細節予以省略）。

　　歐拉示性數與可帶有方向的閉曲面洞的數量之間有 $\chi = 2 - 2g$ 的相關性（ⓥ|定理71）。這個定理的意思是「連續加總曲面的彎曲程度的值只由曲面的洞或孔數決定」。

　　高斯博內定理是結合微分幾何學與拓樸學的大定理，主張高斯曲率 $K$ 這個微分幾何學的量的積分結果，只由歐拉示性數這個拓樸學的量決定。

● 例 75.

剛剛在 ●例73 的時候提過，當球面的半徑為 $r$，不管是哪個位置的高斯曲率都是 $K = \dfrac{1}{r^2}$，此時若針對整個球體進行積分（於球的表面積 $4\pi r^2$ 連續加總），等號左邊就會變成如下：

$$\int_S K dA = \frac{1}{r^2} \times 4\pi r^2 = 4\pi$$

球的歐拉示性數為 $\chi = 2$，所以等號右邊就會變成 $2\pi\chi = 4\pi$，這結果的確符合高斯博內定理。

此外，不管球面如何凹凸，兩邊的值都會保持 $4\pi$。

## 12.3.　黎曼幾何學與計量

　　到目前為止，說明了如何從圖形外部觀察該圖形。剛剛提及的高斯曲率也是透過法向量這種曲面資訊導出的定義。不過，高斯其實只透過曲面上的「度量」這種內在的量（也就是沒使用法向量或從外部觀察所得的圖形資訊）求出高斯曲率，而這就是今日眾所周知的高斯（Gauss，1777－1855）的絕妙定理。

> 💡 | 定理76.　高斯的絕妙定理
>
> 二維黎曼流形（曲面）$M$ 的高斯曲率 $K$ 只由 $M$ 的黎曼度量決定。

　　簡單來說，黎曼度量就是用來測量長度或角度的道具。接著讓我們試著從高中數學的範圍稍微說明測量長度或角度是什麼意思吧。

　　當 $\vec{a}$ 與 $\vec{b}$ 的夾角為 $\theta$，向量 $\vec{a}$、$\vec{b}$ 的內積如下[※2]：

$$\langle \vec{a}, \vec{b} \rangle = |\vec{a}| \cdot |\vec{b}| \cdot \cos\theta$$

反之，只要知道內積，就能利用內積與下列的公式算出向量 $\vec{a}$ 的長度 $|\vec{a}|$。

$$|\vec{a}| = \sqrt{\langle \vec{a}, \vec{a} \rangle}$$

至於 $\vec{a}$ 與 $\vec{b}$ 的夾角 $\theta$ 則可透過下列公式算出：

$$\cos\theta = \frac{\langle \vec{a}, \vec{b} \rangle}{|\vec{a}| \cdot |\vec{b}|}$$

---

※2　高中數學使用的是 $\vec{a} \cdot \vec{b}$，本書使用的是 $(\vec{a}, \vec{b})$ 這個符號。

此外，一如 $x=x(t)$、$y=(t)$ 這種利用參數 $t$ 表現的曲線，$a \leqq t \leqq b$ 的長度 $L$ 則可用下列公式算出：

$$L = \int_a^b \sqrt{\{x'(t)\}^2 + \{y'(t)\}^2}\, dt \qquad \cdots\cdots ①$$

因此 $\sqrt{\{x'(t)\}^2 + \{y'(t)\}^2}$ 就是物體以 $x=x(t)$、$y=y(t)$ 運動時的速度向量 $v(t)$ 的大小 $|v(t)|$。這也是「向量的長度」，所以曲線的長度也能透過內積算出。

綜上所述，不管是長度還是角度都是與內積有關的概念。黎曼流形就是根據流形的座標卡對微分流形的每個點定義這種（切向量的）內積的概念，而此時的內積就是所謂的黎曼度量。只要知道內積，就能測得長度與角度，所以黎曼流形就等於是對流形賦予長度或角度這類概念的圖形。

高斯的絕妙定理厲害之處在於不使用曲率這類外部資訊，只使用了度量這項在曲面（也就是二維黎曼流形）之內測量長度或角度的道具。

在高斯發表這項定理與黎曼（Riemann，1826－1866）導入黎曼流形之後，從圖形內部觀察圖形的方法就發展成所謂的幾何學。我們無法從宇宙的外部觀察「宇宙」。從這點想來就知道從內部觀察圖形的這套方法有多重要。

## 12.4. 廣義相對論

黎曼度量的內積與在高中數學登場的內積一樣，都符合下列式子。

$$\langle \vec{a}, \vec{a} \rangle \geqq 0$$

（所以$|\vec{a}| = \sqrt{\langle \vec{a}, \vec{a} \rangle}$的右邊為實數，就能定義長度。）接著來探討稍微特殊的「內積」，也就是$(\vec{a}, \vec{a})$有可能為負的情況。

**●例 77.**

比方說，在四維向量空間$R^4$如下放入「內積」：

$$\left\langle \begin{pmatrix} w_1 \\ x_1 \\ y_1 \\ z_1 \end{pmatrix}, \begin{pmatrix} w_2 \\ x_2 \\ y_2 \\ z_2 \end{pmatrix} \right\rangle = -w_1 w_2 + x_1 x_2 + y_1 y_2 + z_1 z_2$$

四維向量$(1, 0, 0, 0)$與自己的「內積」就會是

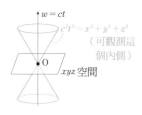

$$\left\langle \begin{pmatrix} 1 \\ 0 \\ 0 \\ 0 \end{pmatrix}, \begin{pmatrix} 1 \\ 0 \\ 0 \\ 0 \end{pmatrix} \right\rangle = -1$$

此時這種四維向量空間的「內積」稱為閔考斯基內積，而這種空間稱為（四維）閔考斯基空間。$(w, x, y, z)$的$w$為時間成分，$x$、$y$、$z$為空間成分的閔考斯基空間，在狹義相對論扮演了重要的角色[3]。

　有別於黎曼度量，在自己與自己的「內積」有可能為負時，具有該度量的流形就稱為偽黎曼流形，如果只有一個成分帶有負號，就稱為羅倫茲流形。閔考斯基空間也是羅倫茲流形的一種。

---

[3]　在此簡單說明為什麼會探討這種內積。假設光速為$c$，時間為$t$，而$w=ct$。假設在時間$t=0$、位置$(x, y, z) = (0, 0, 0)$，也就是在閔考斯基空間的原點$(0, 0, 0, 0)$發生了物理現象。由於沒有比光更快速的東西，所以當時間為$t$，就只能在$xyz$空間的原點到距離$ct$之內的範圍，也就是$\sqrt{x^2+y^2+z^2} \leqq ct$的範圍觀測到這個物理現象。這相當於$(\vec{a}, \vec{a}) \leqq 0$的$\vec{a} = (w, x, y, z)$的範圍，所以以這也成為探討閔考斯基內積的動機。

　　在愛因斯坦提出的廣義相對論之後，宇宙（時空）被視為四維的羅倫茲流形，所以後來才透過愛因斯坦方程式這個透過微分幾何學建構重力場的公式，從「內部」觀察宇宙。由此可知，微分幾何學與物理學可說是相輔相成的兩門學問。

第
12
項

微
分
幾
何
學

# 微分拓樸學、低維拓樸學

Differential Topology & Low-Dimensional Topology

拓樸學的目標之一就是透過「同胚」這層關係分類拓樸空間或流形（ 9.4 ）。接下來要進一步具體介紹拓樸學的幾個領域。

微分拓樸學的目標之一是透過「微分同胚」這層關係分類微分流形（ 10.3 ）。由於微分拓樸學終究只是「拓樸學[※1]」的領域之一，所以與曲率、內積這類微分幾何學的道具沒什麼關係。

低維拓樸學是指小於等於三維、四維的拓樸學。在這個領域中，有許多有趣的主題，例如「大於等於五維的問題已經解決，但四維的問題卻很難」或是紐結這類低維度特有的問題。

## 13.1. 同胚與微分同胚

前面提過，拓樸流形可透過「同胚」這層關係分類，主要思考的問題是若將兩個同胚的拓樸流形視為相同，這兩種拓樸流形還有多少個不為同胚的拓樸流形。

之後便透過「微分同胚」這層關係分類微分流形，也就是假設兩個微分流形之間有「可以微分的同胚映射，而且逆映射也可以微分」的圖形，這可將這兩個微分流形視為相同，再探

---

[※1] 英文的geometry（幾何學）與topology（拓樸學）是兩個完全不同的用語。「－metry」這個字尾的意思為「測量」，但就性質而言，拓樸學與「測量」的相關性不高，所以才如此分類。若將topology譯為「拓樸幾何學」，便會讓人覺得「幾何」這個字眼用得有些奇怪。「幾何學」是與「圖形有關的學問」，而英文的「geometry」則是「測量圖形的學問」，所以中文與英文的涵義或許有些出入。本書配合英語，將「topology」稱為拓樸幾何學。

討非微分同胚的微分流形有多少個。「若是微分同胚就是同胚」，但有時候反過來是不成立的，意即「就算是同胚的微分流形也不一定會是微分同胚」。這意味著，一個拓樸流形可能有兩種非微分同胚的構造（微分結構）。探討一個拓樸流形究竟有幾個本質各異的微分結構是微分拓樸學最大的問題。

◎例 78.

$n$ 維球面 $s^n$

$$S^n = \{(x_1, x_2, \cdots, x_{n+1}) \in \mathbb{R}^{n+1} \mid x_1^2 + x_2^2 + \cdots + x_{n+1}^2 = 1\}$$

為 $n$ 維拓樸流形（◎例 62）。在這個球面上的座標卡有許多具有平滑座標轉換的構造，而本書已確定這些構造是否互為微分同胚的映射，亦即這些微分流形的構造是否為相同的微分結構，其結果也就是在 $n$ 為不同的時候，$S^n$ 的微分結構各有幾種。

| $n$ | 1 | 2 | 3 | 4 | 5 | 6 | 7 | 8 | 9 |
|---|---|---|---|---|---|---|---|---|---|
| 微分結構的種類 | 1 | 1 | 1 | ? | 1 | 1 | 28 | 2 | 8 |

直到 $n = 6$ 之前，球面都只有一種微分結構，但是到了 $n = 7$，突然出現 28 種不同的微分結構。撇除源自標準歐幾里得空間的微分結構，擁有其他 27 種微分結構其中一種的球面稱為異種球面，最初是由米爾諾（Milnor，1931 －）發現的，微分拓樸學這個領域也就此奠定基礎。

更令人吃驚的是 $n = 4$ 的情況。沒有人知道 $S^4$ 的微分結構只有一個還是很多個，也沒人知道到底是有限個還是無限個。明明更高維度的情況都已經知道微分結構的個數，沒想到低維度的 $n = 4$ 反而還是個未解的謎團，這真是讓人覺得不可思議啊。

第 13 項

微分拓樸學、低維拓樸學

## 13.2.　龐加萊猜想

　　龐加萊猜想是與拓樸學有關的知名問題之一。龐加萊猜想是由龐加萊（Poincare, 1854－1912）提出的問題，後來於 2003 年由裴瑞爾曼（Perelman，1966－）證明，也是七個千禧年大獎難題之中唯一解決的問題。

> 💡 定理79.　龐加萊猜想
>
> **單連通三維閉流形與三維球面 $S^3$ 同胚。**

　　單連通的部分已於 11.4 說明過，而「閉」流形則已於 ●例64 說明過。這裡說的流形都是指「拓樸流形」，不包含微分結構，因此龐加萊猜想從一開始就是代數拓樸學的問題。

　　由於美國數學家瑟斯頓（Thurston，1946－2012）在 1982 年證明了幾何化猜想，之後的裴瑞爾曼才得以證明龐加萊猜想，所以在此要來介紹幾何化猜想。

## 13.3.　幾何化猜想

> 💡 定理80.　瑟斯頓的幾何化猜想
>
> **任何一種三維閉流形都能切割成具有八種標準幾何結構的碎塊。**

　　龐加萊猜想是與「具有～～特徵的三維閉流形為＊＊」這種特定流形有關的問題，而幾何化猜想則是三維閉流形分類方

法的猜想，是更一般化的內容。

意思是，「任意的三維閉流形在透過指定的分解方式分解後，會變成具有 8 種幾何結構其中一種結構的碎塊」。此時須要進一步說明「擁有幾何結構的碎塊」是什麼。

簡單來說，流形具有幾何結構的意思就是在流形導入在任何邊長測量長度或角度的方式都相同的黎曼度量（ 12.3 ）。大家可想像成為了舉行「幾何」所設定的舞台。

目前已知，二維流形的幾何結構為歐幾里得幾何、球面幾何與雙曲幾何這三種，而這些分別對應歐幾里得平面、球面與雙曲平面的幾何學。以下來說明這些幾何結構的種類。

歐幾里得幾何　　　　球面幾何　　　　雙曲幾何
（平面）　　　　　（球面）　　　　（擬球面）

- 歐幾里得平面的歐幾里得幾何就是高中數學學過的幾何（結構）。高斯曲率固定為 0。

- 球面的球面幾何則是與歐幾里得幾何不同的幾何結構。例如，球面的「直線」是指從球的中心點剖開時，剖面的圓周。若問為什麼圓周會等於「直線」，是因為在球面取兩點時，連接這兩點的最短直線就是這個圓弧，與歐幾里得平面的直線有相同性質[※2]。兩條直線的「角度」可透過兩條直線（圓

---

※2　就算是一般的曲面，也有測地線這種標準化直線的概念，指的是在曲面直直延伸的直線。

周）的交點以及各自於該交點的切線求出。這種在球面測量長度與角度的幾何學就是球面幾何，此時高斯曲率固定為正數。

連續AB兩點的
最短直線

兩條直線 $\ell$、$m$ 的
夾角 $\theta$

● 雙曲幾何就是具代表性的非歐幾里得幾何，指的是與某條特定直線平行且通過定點的直線大於等於 2 條的圖形。高斯曲率固定為負數。

目前已知，所有二維閉流形都有這三種幾何結構的其中一種。

同理可證，三維的幾何結構也有這三種三維幾何結構，以及二維沒有的五種幾何結構，所以總共有八種。幾何化猜想主張，三維閉流形在分解成不同碎塊之後，這些碎塊都會具有這八種幾何結構的其中一種。

裴瑞爾曼為了證明這個幾何化猜想，使用了里奇流這種黎曼度量微分方程式「扭曲」流形的微分幾何學方法。明明龐加萊猜想是拓樸學的問題，最後居然能以幾何化猜想這種超乎預期的方式解決，此舉讓當時的數學界為之驚豔。

## 13.4.　紐結理論

紐結理論是目前許多人投入研究的領域。顧名思義，這是研究紐結與相關鏈結的領域。紐結的定義如下：

定義 81.　　在三維空間之內，起點與終點相同，且不會自我相交的曲線稱為紐結。

比方說，下列三種圖都是紐結（由於是在平面描繪三維空間的圖，所以交點的部分全部畫成斷開的樣子）。

平凡紐結　　　　　三葉結　　　　　　　八字結

「在三維空間內讓繩子連續移動」（就像是翻花繩）之後，仍然一致的紐結就視為「相同的紐結」。比方說，下方最左側的紐結 $A$ 與最右邊沒有任何交纏處的圓周一樣，都是「平凡紐結」。

紐結 A　　　　　　　　　　　　　　　　平凡紐結

與其他拓樸圖形一樣，紐結也有下列問題。

　假設眼前有兩個紐結，該如何判斷這兩個紐結「相同」？

　分類所有不同的紐結。

目前正在進行以不變量的方式分類紐結的研究。紐結最具代表的不變量為瓊斯多項式。這是由瓊斯（Jones，1952－2020）在 1980 年代發現的多項式。瓊斯原本的研究主題是算子代數理論（21.5），沒想到後來居然另闢蹊徑，找到了與紐結有關的多項式。

紐結只有一個圈，而兩個圈以上的紐
結稱為鏈結。

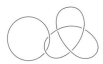

以右圖為例，這是平凡紐結與三葉結
交纏的鏈結。瓊斯多項式[※3]（讓紐結進一步一般化）就是對這
個鏈結設定 $t$ 公式的多項式（$t$ 只是變數）。

瓊斯多項式可透過紐結的遞迴關係式求得。只要瓊斯多項
式不同，就能證明紐結「不同」，所以瓊斯多項式是紐結的不
變量。

比方說三葉結有如同鏡射般的兩種版本，這兩種版本的三
葉結算是「相同」的紐結嗎？意思是，以翻花繩的手法移動其
中之一的三葉結，能讓這個三葉結變成另一個版本的三葉結
嗎？實際嘗試之後會發現，很難變成另一個版本的三葉結。實
際計算之後，左側三葉結的瓊斯多項式為 $t+t^{3}-t^{4}$，右側三葉
結的瓊斯多項式為 $t^{-1}+t^{-3}-t^{-4}$。由於這兩種三葉結的瓊斯多
項式不同，所以這兩種三葉結不同（無法透過翻花繩的手法變
形成相同的紐結）。

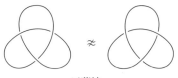

三葉結

在瓊斯多項式發表之前，紐結曾有多種不變量，但是瓊斯
多項式的厲害之處在於，連這種宛如鏡射般的紐結都能區分，
所以瓊斯也進一步研究這個多項式，最終找到這個多項式與量
子群這類特別代數的相關性以及相關的應用方式。

---

※1　從後面的例子可以發現，這裡的 $t$ 出現了負次方，所以不算是真正的「多項式」。

## Essential Points on the Map

☑ **微分幾何學**…研究黎曼流形的幾何學。黎曼流形為具備測量長度或角度的「度量」的流形。

（代數）拓樸學是將注意力放在「連通方式」的幾何學，微分幾何是連「長度」與「角度」都納入考慮的幾何學！

· **高斯博內定理**（ 💡 定理74 ）…將拓樸學的不變量與微分幾何學的量串連起來的大定理。

· **廣義相對論**（ 12.4 ）…愛因斯坦將宇宙（時空）視為某種流形，並且利用微分幾何學建構了廣義相對論。

☑ **微分拓樸學**…思考座標轉換是否能夠微分，再將「微分同胚」的圖形視為相同圖形，藉此分類圖形的領域。

→ 找出同胚但非微分同胚的流形有幾種。

☑ **低維拓樸學**…三維、四維的拓樸學具有低維度特有的難題。

→ 龐加萊猜想（ 💡 定理79 ）是三維的代數拓樸學問題，但透過微分幾何學的手法得到證明。

第 **3** 節

# 分析學
Analysis

　　進入大學之後，除了會學習線性代數，還會學習微積分學，此時會進一步嚴謹地定義高中學過的微分與積分，以及整理成多變數函數。

　　主修工程學、物理學、化學的理科學生之後則會進一步學習分析學，像是：

- 向量微積分這種與向量有關的微積分
- 在函數未知的情況下，處理微分方程式的微分方程式論
- 在複數範圍觀察函數的複變函數論
- 處理傅立葉轉換這種函數轉換的傅立葉分析

數學系的學生當然也會學習這些分析學，但工程學系的學生會特別注意這些分析學在工程學的應用方式，而數學系的學生則將重點放在建構數學理論。

　　到了大學三年級之後，就會開始學習勒貝格積分這種新積分或是泛函分析學這種與無限維度的線性代數相當的分析學。

　　到了大學四年級之後，除了學習微分方程式論或泛函分析學，還可以選擇其他的專業領域，例如以公式嚴謹定義機率的機率論，或是動力系統這種觀察空間在時間中產生多少變化的學問。

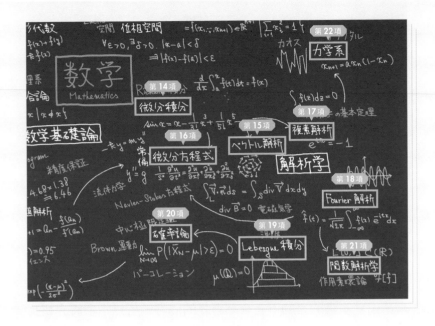

**Contents**

# 微分積分學
## Calculus

　　微分積分學與 第1項 的線性代數一樣，都是進入大學後最先開始學習的數學重要領域。微分積分學的目的在於將高中數學介紹的微積分轉換成更嚴謹的公式或是更高的次方，抑或讓範圍更廣泛的函數成為微積分的對象。

　　其中最大的特徵之一就是透過 ε-δ 語言重新描述高中數學沒定義清楚的極限。不過，這部分的內容對於初學者來說實在太過困難。本書已於 9.2 提過簡化的內容，還請大家翻回去複習。由於本書的目的不在介紹嚴謹的內容，所以本項將介紹其他部分的概念。

## 14.1. 微分

　　假設眼前有一個函數 $f(x)=x^2$，要在座標平面繪製 $y=f(x)$ 的圖表。在這條曲線取得點 A 後，將這個點不斷放大，這張圖表就會越來越接近直線。這條直線（近似直線）有什麼意義呢？

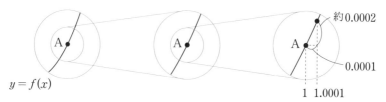

　　假設點 A 的 $x$ 座標為 1，那麼這條直線的斜率大約是 2。當 $x$ 座標在點 A 不斷放大的狹窄範圍中增加 0.0001，$y$ 座標就會增加約 0.0002。換言之，在越接近點 A 的範圍裡，$x$ 座標的

值與 $y$ 座標的值越會以 $1:2$ 的比例增加。

　　如此一來，就能取得在函數 $f(x)$ 每個地點的瞬間變化比例。比方說，$x=a$ 的瞬間變化比例為 $\dfrac{df}{dx}(a)$，也可以寫成 $f'(a)$，是 $f(x)$ 在 $x=a$ 時的微分係數。

　　以這次的例子來看，可寫成

$$\frac{df}{dx}(1)=2\,\text{〔在 } x=1 \text{ 時，} f(x) \text{ 瞬間增加的比例為 } 2\text{〕}。$$

除了 $x=a$ 之外，可思考任一點的瞬間變化比例。只要輸入不同的 $x$ 座標，就能輸出該點瞬間變化比例的函數稱為 $\dfrac{df}{dx}(x)$，也可以寫成 $f'(x)$，而這個 $f(x)$ 就是導函數。這種從原本函數求得導函數的操作就稱為微分。

　　接著來探討微分的圖形。剛剛點 A 的 $f(x)$ 瞬間變化比例為 2，因此可試著將通過點 A 且斜率為 2 的直線重疊在原本的函數 $y=f(x)$，此時這條直線就稱為 A 的切線。

　　顧名思義，這條 A 的切線就是於 A 與圖表「相切」的直線，也可說成在 A 附近讓這個函數的圖表趨近一維函數（直線）的直線。A 的切線指的是，A 不斷放大到無法與原始函數的圖表區分時的直線。此時輸出各點切線斜率的函數為導函數，而求出導函數的操作就是所謂的微分。

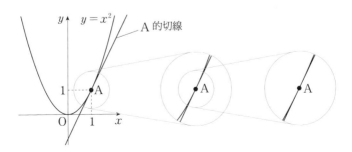

第 14 項

微分積分學

## 14.2. 從黎曼和衍生而來的積分

　　高中與大學一年級學到的積分稱為黎曼積分，主修數學的大學生到了三年級左右，就會學習定義與黎曼積分不同的勒貝格積分（第19項）。接下來要說明黎曼積分的概念。之所以稱為黎曼積分是因為黎曼（Riemann，1826－1866）賦予積分更精準的定義。

　　假設（連續的）函數 $f(x)$ 在 $a \leq x \leq b$ 的範圍內固定為正值，試著計算由直線 $x=a$、$x=b$、$x$ 軸與曲線 $y=f(x)$ 圍成的「面積」$S$。

　　在 $x$ 軸的 $a<x<b$ 的部分取得 $(n-1)$ 個點（這些點的 $x$ 座標為 $c_1$、$\cdots$、$c_{n-1}$）之後，$x$ 軸的 $a \leq x \leq b$ 的部分會被這些點切割成 $n$ 個線段。接著再於這 $n$ 個線段取得 $x$ 座標 $d_1$、$\cdots$、$d_n$，再讓這些點的 $f$ 值，也就是 $f(d_1)$、$\cdots$、$f(d_n)$ 為高，就能得到以各線段為底邊的 $n$ 個長方形。如此一來，$y=f(x)$ 的曲線與 $x$ 軸夾住的 $a \leq x \leq b$ 的圖形就會變成類似由多個細長條組成的結構。

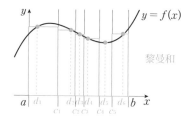

　　只要長條的寬度越小（切得越細），這 $n$ 個長條的面積和（黎曼和）就會越接近面積 $S$。在此可以試著探究這個以細長條組成的黎曼和的極限。雖說只要長條的寬度越細越好，但切割的方式有很多種，而且取得 $d_1$、$d_2$、$\cdots$、$d_n$ 的方式也有很多

種。一邊思考所有的方法，一邊讓長條組成的面積趨近某個值的時候，此時的函數 $f(x)$ 在 $a \leq x \leq b$ 的區間稱為可積函數，這個函數 $f(x)$ 的值可寫成下列式子：

$$\int_a^b f(x)dx$$

而這個值又稱為從 $a$ 到 $b$ 的 $f(x)$ 的定積分。

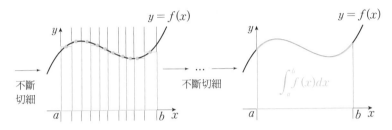

　　開頭提到「想計算『面積』$S$」，但其實只要上述定義的 $\int_a^b f(x)dx$ 的值存在，這個值就是面積。利用這種直條的面積逼近面積 $S$ 的積分就是黎曼積分。

**● 例 82.**

計算 $f(x) = x^2$ 時，$y = f(x)$ 與 $x$ 軸 $0 \leq x \leq 1$ 圍成的面積。第一步，要先利用 $n$ 個細長條逼近面積。為了方便計算，就是先將 $0 \leq x \leq 1$ 分成 $n$ 等分，接著將每條線段右端的點當成 $d_1$、$d_2$、$\cdots$、$d_n$（也就是 $d_1 = \dfrac{1}{n}$、$d_2 = \dfrac{2}{n}$、$\cdots$、$d_n = 1$）。此時長條會如下圖排列（$n = 6$ 時）。

第
**14**
項

微
分
積
分
學

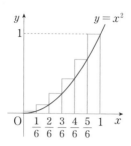

長條的面積和為

$$\sum_{k=1}^{n} \frac{1}{n} f\left(\frac{k}{n}\right) = \sum_{k=1}^{n} \frac{1}{n}\left(\frac{k}{n}\right)^2 = \frac{1}{n^3}\sum_{k=1}^{n} k^2$$

$$= \frac{1}{n^3} \cdot \frac{1}{6} n(n+1)(2n+1) = \frac{1}{3} + \frac{1}{2n} + \frac{1}{6n^2}$$

當這個 $n$ 無限放大，長條的寬度無限縮小，值就會往 $\frac{1}{3}$ 收斂。

我們當然得另外思考更多類型的長條，但不管如何分割，長條的面積和都會收斂於 $\frac{1}{3}$。由此可求出下列結果：

$$\int_0^1 x^2 dx = \frac{1}{3}$$

當直線 $x = 1$，$x$ 軸與曲線 $y = f(x)$ 圍成的面積為 $\frac{1}{3}$。

　　這種以長條面積極限定義的定積分雖然可以用來計算由曲線圍成的面積，但這種計算方法的計算量非常龐大。那麼該怎麼做，才能減少計算量呢？

## 14.3.　微分積分學的基本定理

14.2 說明了「定積分」，不過大家應該在高中數學有學過驗算微分的不定積分。

> 定義 83.　假設於某個區間定義的函數經過微分之後，會轉換成 $f(x)$ 的函數 $F(x)$，也就是符合下列式子的 $F(x)$ 稱為 $f(x)$ 的原函數，可寫成 $\int f(x)dx$。
>
> $$F'(x) = f(x)$$

將 $F(x)$ 視為 $f(x)$ 的原函數之一後，型態為 $F(x)+C$（$C$ 為常數）的函數都是原函數，反之，$f(x)$ 的原函數都是這種型態的函數。這個情況可寫成下列式子：

$$\int f(x)dx = F(x) + C \text{（$C$ 為積分常數）}$$

14.2 介紹的定積分是計算面積的方法，是由長條面積的極限所定義的面積計算方式，所以定積分的定義與微分沒有任何關係。

用於計算面積的定積分與驗算微分的不定積分本來就是獨自發展的研究。之後微分與積分互為表裡這件事才得到證明，我們也才知道定積分其實可以用來驗算微分。這就是由牛頓（Newton，1642－1727）與 萊 布 尼 茲（Leibniz，1646－1716）發現的微積分基本定理。

第 14 項

微分積分學

---

💡 | **定理84.　微積分基本定理**

假設在某個區間內的函數 $f(x)$ 具有連續性。此時，對這個

區間內的所有 $x$ 賦予 $\displaystyle\int_a^x f(t)dt$ 的值的函數可微分，微分

的過程可寫成下列式子（$a$ 為定義域內的常數）。

$$\frac{d}{dx}\int_a^x f(t)dt = f(x)$$

---

這個定理主張函數 $\displaystyle\int_a^x f(t)dt$ 微分之後會變成 $f(x)$，意即

$\displaystyle\int_a^x f(t)dt$ 為 $f(x)$ 的原函數。假設 $F(x)$ 為 $f(x)$ 的原函數之

一，就能得到下列式子：

$$\int_a^x f(t)dt = F(x) + C \quad（C為常數）\qquad\cdots\cdots①$$

當 $x = a$，左邊就會變成 $a$ 到 $a$ 的積分，也就是 $0$，所以

$$0 = F(a) + C \quad，亦即 C = -F(a)$$

將這個結果代入①，可得到下列結果：

$$\int_a^x f(t)dt = F(x) - F(a)$$

而假設 $x = b$，則可得到下列定理。

---

💡 | **定理85.　定積分的計算**

假設函數 $f(x)$ 的原函數為 $F(x)$，則

$$\int_a^b f(t)dt = F(b) - F(a)$$

成立。

- $e^x = 1 + x + \dfrac{1}{2!}x^2 + \dfrac{1}{3!}x^3 + \cdots + \dfrac{1}{k!}x^k + \cdots$

- $|x| < 1$ 時

$$\log(1+x) = x - \dfrac{1}{2}x^2 + \dfrac{1}{3}x^3 - \dfrac{1}{4}x^4 + \cdots + (-1)^{k-1}\dfrac{1}{k}x^k + \cdots$$

## 14.5. 多變數函數的微積分

　　到目前為止，說明了不少微積分的概念，而學習高次微積分，也就是學習多變數函數微積分理論也是大學一年級學生學習微積分的目標之一。比方說

$$f(x, y) = x^2 - y^4 + 2$$

就是取得 $x$ 與 $y$ 的值，即會傳回某個值的二變數函數。這個函數的圖表 $z = f(x, y)$ 可如下在 $xyz$ 空間之內描繪。

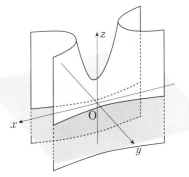

第14項

微分積分學

這個函數可讓我們學到回答下列問題的方法。

- 當 $y$ 座標不變，只有 $x$ 座標改變，該如何計算瞬間變化的比例？答案是利用與單變數微分相似的符號，也就是 $\dfrac{\partial f}{\partial x}(x, y)$ 的偏微分計算。以剛剛的 $f$ 為例，當 $\dfrac{\partial f}{\partial x}(x, y)$

將 $y$ 視為常數，以及只將 $x$ 視為變數，微分之後可得到下列的結果。

$$\frac{\partial f}{\partial x}(x,\, y) = 2x$$

這代表當 $y$ 座標不變，只有 $x$ 座標改變，瞬間變化的比例為 $2x$。

- 在 $2 \leqq x \leqq 3$ 且 $0 \leqq y \leqq 1$ 的範圍之內，由 $xy$ 平面與曲面 $z = f(x,\, y)$ 圍成的體積該如何計算？可使用下列符號的多重積分計算。

$$\int_0^1 \int_2^3 f(x,\, y)dxdy$$

- 高中數學的函數極值、最大值與最小值都是利用微分計算，那麼這個二變數函數的極值、最大值、最小值又該如何計算？

微積分是「解析」函數的基本工具，但這一切不過是序章。在分析學的領域裡，微積分的概念當然會繼續發展，而積分也可用來研究代數學的數論（ 第5項 ），微積分則可用來研究幾何學的各種圖形（流形， 第10項 ），由此可知，微積分的應用範圍相當廣泛。

## 專欄 1　筆者的專業領域（1）：多重 zeta 值

　　筆者在進修碩士時，對數論，尤其是「多重 $zeta$ 值」與「$p$ 進數積分論」特別感興趣。在此為大家介紹多重 $zeta$ 值。

　　之前在 定義 28 的時候介紹過 $zeta$（澤塔）函數的定義，也在 例 29 介紹了 $\zeta(2)$、$\zeta(3)$、$\zeta(4)$ 這些值，而 多重 zeta 值 就是這些值的擴張值。也就是以下列這種總和定義的值〔也可以進一步多重化，思考 $\zeta(s_1, s_2, \cdots, s_k)$〕。

$$\zeta(s_1, s_2) = \sum_{0 < m_1 < m_2} \frac{1}{m_1^{s_1} m_2^{s_2}}$$

$$= \frac{1}{1^{s_1} \cdot 2^{s_2}} + \frac{1}{1^{s_1} \cdot 3^{s_2}} + \frac{1}{1^{s_1} \cdot 4^{s_2}} + \cdots$$

$$+ \frac{1}{2^{s_1} \cdot 3^{s_2}} + \frac{1}{2^{s_1} \cdot 4^{s_2}} + \cdots$$

$$+ \frac{1}{3^{s_1} \cdot 4^{s_2}} + \cdots$$

　　雖然我們對這種型態的多重 $zeta$ 值所知不多，不過目前已知下列關係式成立。

$$\zeta(1, 2) = \zeta(3)$$

$$\zeta(2) \cdot \zeta(3) = \zeta(2, 3) + \zeta(3, 2) + \zeta(5)$$

在多重 $zeta$ 值的研究中，找到多重 $zeta$ 值之間的關係式也是一大主題。

# 向量微積分
## Vector Calculus

前一節的尾聲介紹了多變數函數的微積分,而這節的主題是輸入一些值就輸出一些值的函數。比方說,輸入兩個值就輸出兩個值的函數可視為讓兩個成對的值,也就是「向量」對應平面上各點的函數。輸出向量的函數的微積分就稱為向量微積分。接下來就從「線積分」這個了解向量微積分所需的概念開始說明。

## 15.1. 線積分:沿著路徑的積分

如下頁左圖所示,假設在 $xy$ 平面的 $x$ 軸與函數 $y=f(x)$ 圍成的部分塗抹奶油。接著讓菜刀與 $x$ 軸垂直(與 $y$ 軸平行),再直接讓菜刀從 $x=a$ 移動到 $x=b$ 的位置,菜刀就會沾滿奶油。此時沾在菜刀上的奶油量(面積)就是單變數函數 $f(x)$ 的積分 $\int_a^b f(x)\mathrm{d}x$。

同理可證,如下頁右圖,以 $xy$ 平面為底面,在 $xyz$ 空間放置一個蛋糕。這塊蛋糕的上面為雙變數函數 $z=g(x, y)$ 的曲面。接著利用像線一樣細長的菜刀切這塊蛋糕。讓這把與 $xy$ 平面垂直(與 $z$ 軸平行)的菜刀在 $xy$ 平面裡,順著點 A 到點 B 的曲線(道路)C 移動後,就能刮除沿線的奶油(假設蛋糕有很多奶油)。此時奶油的量就是菜刀切出來的蛋糕剖面積,也是沿著這條「路徑」算出的積分。

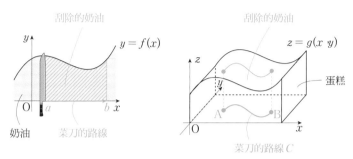

　　我們該如何計算這個剖面積呢？讓我們仿照單變數的情況，透過數學的方式說明吧。一次方的時候，是將 $x$ 軸切得很細，再利用長條逼近面積，而這次則是將菜刀的路線，也就是道路 $C$ 切得很細，再利用折線逼近剖面積。在折線上方由 $xy$ 平面與 $z=g(x, y)$ 的曲線圍成的部分則利用長條逼近剖面積。接著加總這兩個部分的面積，然後再將長條寬度無限縮小時的極限定義為下列式子：

$$\int_C g(x, y)ds$$

其中的 $\int_C$ 為沿著道路 $C$ 進行積分的意思，而這個積分又稱為線積分（$ds$ 為沿著曲線 $C$ 的線素，細節予以省略）。

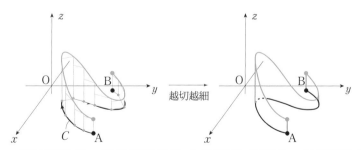

　　要注意的是，雖然都是從點 A 到點 B 的積分，但不同的路徑會得到不同的積分值（菜刀的移動路線會決定刮到多少奶油）。

●例 86.

以下來探究 $f(x, y) = x$ 這個函數。$z = f(x, y)$ 的圖形為下圖
的平面。

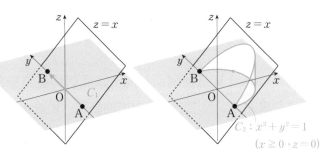

讓我們一起探討 $xy$ 平面上的點 A（0, −1）到點 B(0, 1) 的積
分。假設線段 AB 為道路 $C_1$。$y$ 軸（$x = 0$）上的 $z$ 值永遠是 $f(0, y) = 0$（沒有蛋糕的高度），因此所有用來切割的長條高度都是
0，道路 $C_1$ 的積分也是 0（菜刀刮到的奶油量為 0）：

$$\int_{C_1} f(x, y)ds = 0$$

接著讓我們一起思考圓 $x^2 + y^2 = 1$ 的 $x \geq 0$，也就是道路 $C_2$
的積分。由於這是從點 A 出發，通過 $f(x, y)$ 的正值部分再於
點 B 停下來（會切到蛋糕有高度的部分），所以長條的高都是
正值，積分 $\int_{C_2} f(x, y)ds$ 的值也都是正值（菜刀刮到的奶油量
為正值），換言之，可得到下列的結果：

$$\int_{C_2} f(x, y)ds > 0$$

因此，可得出下列結論：

$$\int_{C_1} f(x, y)ds \neq \int_{C_2} f(x, y)ds$$

由此可知，積分的值會隨著經過的道路而改變。

## 15.2.　向量場

　　向量微積分就是處理向量場微積分的理論。所謂的「向量場」就是各點向量都固定的平面（本書為方便解說，只以平面的向量場為主題）。

　　向量是具有方向與大小的量，常用來表現速度與力量，因此，平面上「各地的向量固定」可解釋成「平面上各點都具有力量與速度」。比方說，我們常在天氣預報的時候看到說明風速與風向的地圖。空氣中會起風，各地點的空氣會朝向不同方向以不同的強度流動。下圖就是以向量的長度或方向表現各地點的風速與風向，而這也是向量場的一種。

　　除了上述例子，還有其他的向量場，例如磁鐵在空間創造的磁場，或是在地球表面說明重力往固定方向運作的重力場，都是所謂的向量場。

磁場　　　　　　　　重力場

本項的主題是在座標平面上表現空氣流動方式的向量場。

只要取得座標 $(x, y)$，就能得到代表該位置瞬間風量與風向的向量 $\begin{pmatrix} V_1 \\ V_2 \end{pmatrix}$，而這個向量的映射就是向量場。在此將這個向量寫成 $\vec{V}(x, y) = \begin{pmatrix} V_1 \\ V_2 \end{pmatrix}$。

●例 87.

① 假設 $\vec{V}(x, y) = \begin{pmatrix} -1 \\ 0 \end{pmatrix}$。這代表在所有位置 $(x,y)$，風都以固定的向量 $\begin{pmatrix} -1 \\ 0 \end{pmatrix}$ 吹著。

② 假設 $\vec{V}(x, y) = \begin{pmatrix} -y \\ x \end{pmatrix}$，這代表位置 $(x, y)$ 吹著向量 $\begin{pmatrix} -y \\ x \end{pmatrix}$ 的風。比方說，在點 $(1, 0)$ 吹的是向量 $\begin{pmatrix} 0 \\ 1 \end{pmatrix}$ 的風，在點 $(2, 4)$ 吹的是向量 $\begin{pmatrix} -4 \\ 2 \end{pmatrix}$ 的風。

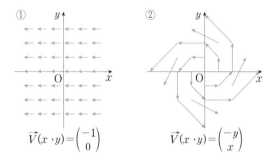

向量微積分這個領域不斷地探索與向量場有關的多個重要公式。在此為大家介紹其中之一的「高斯散度定理」。

定理88. （二維版）高斯散度定理

假設 $S$ 為在平面上擁有平滑邊界 $L$ 的區域。當 $\vec{V} = \begin{pmatrix} V_1 \\ V_2 \end{pmatrix}$ 為向量場，則下列公式成立 [1]：

$$\int_L \vec{V} \cdot \vec{n}\,ds = \int_S \mathrm{div}\,\vec{V}\,dxdy$$

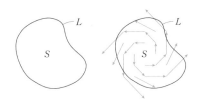

接著說明這個公式的意思。假設座標平面上有個區域 $S$。當空氣流經座標平面，就會流經區域 $S$，此時該怎麼做，才能知道區域 $S$ 之內的空氣變化量呢？

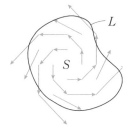

- 第一種方法是找出區域 $S$ 每個點的空氣變化量，再加總（積分）這些空氣變化量的方法。這個方法可求出上述公式等號右邊的部分。
- 第二種方法是算出進出邊界 $L$ 的空氣量。這個方法可求出上述公式等號的左邊。

高斯散度定理主張，以這兩種方式算出的區塊 $S$ 空氣變化會相等。

接著介紹從邊界觀察某個區域之內某種變化量的例子。比方說，我們想知道在 12 點到 12 點 1 分的 1 分鐘之內，某條商

---

[1]　$\mathrm{div}\,\vec{V}$ 以及 $\vec{n}$ 的意義會在 P.171、P.172 解說。

店街的進場人數。針對商店街的每間店以及每條路計算人數增減量，再加總這些增減量當然是可行的方法，但直接觀察有多少人於商店街的出入口進出，應該是更有效率的方法。就某種意義而言，這就是高斯散度定理的邏輯。

　　以下透過數學的方式說明為什麼這個公式會成立吧。為了方便說明，在此以一次方為例。假設眼前有條數線，上方有空氣流過，而 $V(x)$ 為一秒內流經座標 $x$ 的空氣量（包含方向）。假設 $V(x)>0$，代表一秒之內，有 $|V(x)|$ 量的空氣往數線的正方向流動，假設 $V(x)<0$，代表一秒之內，有 $|V(x)|$ 量的空氣往數線的負方向流動。

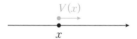

　　此外，假設數線上的 a $\leqq x \leqq$ b 的範圍（區間）為 $S$，則邊界 $L$ 就是地點 a、b 這兩點。

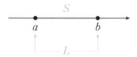

　　一開始要計算的是公式右邊的部分，也就是範圍 $S$ 內各地點的空氣變化量。到底在範圍 $S$ 內的地點 $C$ 有多少空氣流過呢？假設 $\Delta x$ 為極小的正數，而範圍 $S$ 內的 c $\leqq x \leqq$ c+$\Delta x$ 是非常狹窄的範圍。在這個範圍內，從右端地點 c+$\Delta x$ 出去的空氣量為 $V(c+\Delta x)$，從左端地點 c 進入的空氣量為 $V(c)$。因此，當 $\Delta x$ 為極小值，從 c $\leqq x \leqq$ c+$\Delta x$ 出去的空氣量如下〔$V'(x)$ 為 $V(x)$ 的導函數〕。

$$V(c+\Delta x) - V(c) \fallingdotseq V'(c)\Delta x^{※2}$$

---

※2　這個近似值為微分的定義 $V'(c) = \lim\limits_{\Delta x \to 0} \dfrac{V(c+\Delta x) - V(c)}{\Delta x}$。

讓 $c$ 於整個範圍 $S$ 移動再求總和（積分），就能得到相當於公式右邊的結果。

$$\int_a^b V'(x)dx \qquad \cdots\cdots ①$$

接著是等號左邊的計算。要知道範圍 $S$ 的空氣增減量，只須要知道邊界 $x＝a$、$x＝b$ 這兩個地點的空氣流量即可。從右端地點 $b$ 流出的空氣為 $V(b)$，從左端地點 a 流入的空氣為 $V(a)$，因此從範圍 $S$ 流出的空氣量為

$$V(b) - V(a) \qquad \cdots\cdots ②$$

最終可從①與②得到下列結果：

$$V(b) - V(a) = \int_a^b V'(x)dx$$

這就是一次方版的高斯散度定理嗎？是的！這就是 定理85 〔因為 $V'(x)$ 的原函數就是 $V(x)$〕！ 定理88 就是這個定理的二次方版。右邊的 $\int_S \mathrm{div}\vec{V}\,dxdy$ 為範圍 $S$ 內各點空氣量的積分值。本書將下列式子稱為 $\vec{V}$ 的散度（**divergence**）

$$\mathrm{div}\,\vec{V} = \frac{\partial V_1}{\partial x} + \frac{\partial V_2}{\partial y}$$

第
15
項

向量微積分

代表的是於單位面積湧出（排出）的空氣量。透過積分方式求整個範圍 $S$ 的這個量，可得到等號右邊的部分。

左邊的 $\int_L \vec{V} \cdot \vec{n}\, ds$ 則是從邊界各點排出的空氣量，可沿著 $L$ 進行線積分求出 [※3]。高斯散度定理主張等號左邊與右邊會相等。

向量微積分的公式通常可以下列型態表現：

> 與向量場 $\vec{V}$ 的微分有關的某種量的範圍 $S$ 的積分
> ＝向量場 $\vec{V}$ 的邊界 $L$ 的積分

簡單來說，就是「某個範圍之內的變化量可透過該範圍邊界的變化量判讀」。 定理88 講的就是這件事。這些公式還能統整為斯托克斯定理，這個定理的一般形式還包含了流形（ 第10項 ）的公式。

## 15.3.　於電磁學的應用

向量微積分最具代表性的應用之一就是電磁學。一如運動方程式 $\vec{F} = m\vec{a}$ 為動力系統的基礎方程式，電磁學的基礎方程式為馬克士威方程組。接著要從四個馬克士威方程組之中，介紹兩個與剛剛散度（div）有關的方程式。

---

※3　$\vec{n}$ 為 $L$ 的外向單位法向量。取得這些法向量的內積，計算從曲線邊界垂直往外排出的空氣量。

### 🔎 定理89.　高斯定律、高斯磁定律

假設 $\vec{E}$ 為電場，$\vec{B}$ 為磁場[※4]。此時下列式子成立。

$$\mathrm{div}\,\vec{E} = \frac{\rho}{\varepsilon_0} \qquad\qquad \cdots\cdots ③$$

$$\mathrm{div}\,\vec{B} = 0 \qquad\qquad \cdots\cdots ④$$

這裡的 $\rho$ 為電荷密度（密度隨著位置改變），$\varepsilon_0 = 8.85\cdots\times10^{-12}[F/m]$ 為真空電容率的常數。

點電荷

電場　　　　　　　　　　磁場

　帶有電力的粒子稱為點電荷。假設平面有點電荷，庫侖力就會作用，吸引或排斥其他帶有電力的物體。創造這種庫侖力的是電場。電場像是從正點電荷湧現的模樣，而方程式③告訴我們這個湧現量 $\mathrm{div}\,\vec{E}$ 會等於 $\frac{\rho}{\varepsilon_0}$。

　同樣的，當某個平面出現了帶有磁力的物體，磁力就會作用，吸引或是排斥其他帶有磁力的物體。產生這種磁力的是磁場。磁場會從 $N$ 極湧現，再被吸入 $S$ 極，但方程式④告訴我們，磁場本身沒有湧現與吸入的現象。這代表磁鐵沒辦法只擁有 $N$ 極或是 $S$ 極。

第
**15**
項

向量微積分

---

※4　嚴格來說，這叫「磁感應強度」（高中物理也介紹過）。

　　比方說，如果可以只有 N 極存在，那麼這個點就會是磁場的湧現點，散度也必須是正的。就算將磁鐵切成兩半，這兩塊磁鐵也一定有 N 極與 S 極，而這就是方程式④告訴我們的事情。

　　向量微積分就這樣成為表現電磁學的道具，與電磁學一起發展。

## Essential Points on the Map

☑ **微分**…計算函數瞬間變化的比例。

☑ **定積分**…計算函數繪製的圖形面積。

☑ **不定積分**…微分的驗算方式。可求出原函數。

→ 歷史的起源不同。

微積分的基本定理（ 🔍 定理84 ）將兩者串連起來！

大學的微積分學會學到微積分嚴謹的理論，以及偏微分、多重積分這類多變數函數的一般化過程。

☑ **向量微積分**…處理平面各點的向量以及與向量場有關的微積分。

→ 有許多重要的公式，例如高斯散度定理（ 🔍 定理88 ）就是其中之一，而這些公式也於電磁學或其他領域使用，比方說馬克士威方程組就是其中之一。

# 微分方程式論
### differential equation

　　所謂的 微分方程式 就是函數 $y=f(x)$ 為未知的方程式，以及具有導函數的方程式。比方說，

$$y' = 0$$

是函數 $y=f(x)$ 最單純的微分方程式。這個微分方程式的意思是，「微分之後為 0 的 $x$ 的函數 $y$ 為何？」這個微分方程式（函數的定義域若為實數）的解為常數函數

$$y = C(C 為常數)$$

　　微分方程式很常用來觀察各種現象，在此為大家介紹其中一例。

## 16.1. 人生的體感時間

　　首先要從日常生活的例子開始介紹。我們年紀越大，越覺得時間過得很快，而這個現象就可以利用微分方程式來思考。

　　假設出生的瞬間為時間 $t=0$，之後經過的時間為 t 年，從出生之後經過 $t$ 年一樣稱為 t 歲。在此要注意的是，我們常說的 $t$ 歲通常是以 1 年為單位，但這裡說的 t 歲是連續性的時間。比方說，在出生 4 年 6 個月之後，$t=4.5$ 歲。

　　10 歲時感受到的 1 年，與 20 歲時感受到的 1 年有非常不同的感覺。20 歲時的 1 年讓人覺得轉眼即逝。10 歲時的 1 年是到目前為止人生的 $\frac{1}{10}$，但是對 20 歲的人來說，此時的 1 年不過是到目前為止人生的 $\frac{1}{20}$。換言之，當年齡增加 2 倍、3 倍，1

年的體感時間就會呈反比，以 $\frac{1}{2}$、$\frac{1}{3}$ 的速度縮小。

　　假設我們以懂事的 4 歲為起點來計算體感時間，並將在 4 歲感受到的 1 年定為「1 體感年」，接著將 t 歲時感受到的體感年定為 $y(t)$ 體感年。$y(t)$ 為 $t$ 的函數。此時，體感時間的增加比例會與年齡呈反比。也就是說，在 $t$ 歲的時候，比 4 歲多活了 $\frac{t}{4}$ 倍，但是體感時間卻是倒數的 $\frac{4}{t}$ 體感年。這理論或許會讓人覺得怪怪的，不過就先暫定是這樣，並繼續討論下去。這個現象可利用濾函數 $y'(t)$〔體感時間的函數 $y(t)$ 的瞬間增加比例〕寫成下列微分方程式：

$$y'(t) = \frac{4}{t}$$

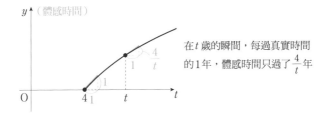

在 $t$ 歲的瞬間，每過真實時間的 1 年，體感時間只過了 $\frac{4}{t}$ 年

以 $y(4)=0$ 計算這個微分方程式，可得到

$$y(t) = 4\log\frac{t}{4}$$

也就能以函數表現體感時間的推移。

　　假設人生為 80 年，那麼在 4 歲到 80 歲這 76 年之內的體感時間總和為 $y(80)=4\log 20$（$\fallingdotseq 11.98$）體感年。至於與這個體感年一半的 $2\log 20$ 體感年對應的實際年齡，也就是

$$y(t) = 2\log 20 (\fallingdotseq 5.99)$$

之中的 $t$ 為 $8\sqrt{5} \fallingdotseq 17.9$。從這個計算體感時間的方式來看，我們差不多是在 18 歲的時候開始覺得時間變快！（這與實際的感覺是否一致呢？）

## 16.2.　拋體運動

物理學也有許多微分方程式，這主要是因為物體運動的位置、速度、加速度的關係就是一種微分。第一步先來簡單說明這些項目的關係。

假設某個物體在數線上移動，開始運動的時間為 $t=0$，$t$ 秒之後的位置為函數 $y(t)$。

●例 90.

由於開始運動的時間為 $t=0$，所以 $y(0)=0$（物體在原點），而 $y(t)=2t$ 則代表在 $t$ 秒之後，位於座標 $2t$ 的物體的運動方式。這種物體以固定速度前進的運動方式稱為等速度運動。

物體的速度就是物體位置 $y(t)$ 的變化量與經過時間的比。

換言之，代表 $t$ 秒後速度的函數 $v(t)$ 就是位置函數 $y(t)$ 的微分

$$v(t) = y'(t)$$

此外，這種速度的瞬間變化比例稱為加速度。假設代表 $t$ 秒後加速度的函數為 $a(t)$，這個就是速度函數 $v(t)$ 的微分〔位置函數 $y(t)$ 的二階微分〕，可得到下列結果：

$$a(t) = v'(t) = y''(t)$$

我們只要知道位置的函數 $y(t)$（只要能以具體的型態表現），就能了解該物體的運動方式。因此，求出 $y(t)$ 是了解物體運動方式的首要任務。

接著來探討具體的物體運動方式。首先要來探討的是物體掉落時的拋體運動。

假設不考慮空氣阻力的問題，當質量 $m[\mathrm{kg}]$ 的物體從某個高度墜落（沒有初速，直接放開），該物體會因為承受了固定的重力而筆直落下。由於運動方程式 $F=ma$ 之中的力 $F$（重力）為恆定，所以這個運動會是加速度 a 恆定的等加速度運動，此時的加速度稱為重力加速度，寫成 $g \fallingdotseq 9.8[\mathrm{m/s^2}]$。

假設放開物體的時間為 0，物體於 $t$ 秒之後的墜落距離為 $y(t)$。由於加速度 $a(t)$ 是位置函數 $y(t)$ 經過兩次微分之後的結果，所以這個物體的墜落運動就可透過下列的微分方程式表現。

$$y''(t) = g \qquad \cdots\cdots ①$$

解開這個微分方程式①，了解這個物體的運動 $y(t)$ 就是我們的目標。這個方程式可在積分兩次之後求出解，而且時間 0 的位置與速度是 0，所以可得到下列結果：

$$y(t) = \frac{1}{2}gt^2$$

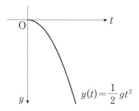

## 16.3.　簡諧運動

　　假設如下圖所示，質量 $m$ 的小物體被安裝在彈簧的一端，然後放在沒有摩擦力的地面，彈簧的另一端固定在牆壁上。假設彈簧處於自然長度時的小物體位置為原點 0，座標 $y$ 則與牆壁為反方向。

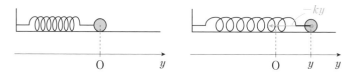

　　在時間 0、彈簧伸長 $A$ 長度的時候放開小物體，結果小物體會不斷左右振動。以下來探討在時間 $t$ 的彈簧位置的函數 $y(t)$。

　　當小物體的位置為座標 $y$，$k$ 為正的常數，$-ky$ 的力（包含方向）會作用（虎克定律）。將這個代入運動方程式

$\vec{F}=m\vec{a}$ 之後，可得到下列微分方程式：

$$-ky = my''$$

這就是代表小物體振動方式的微分方程式。由於時間 0 的位置為 $A$，速度為 0，所以這個微分方程式的解可寫成下列公式（實際代入數值之後，便可得到真正的解）：

$$y = A \cos \sqrt{\frac{k}{m}}\, t$$

因此，若將 $t$ 當成橫軸，$y$ 當成縱軸，繪製小物體於時間 t 的位置座標，可得到下列結果：

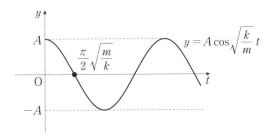

如此一來，我們就能了解簡諧運動。

## 16.4.　微分方程式解的存在與唯一性

到目前為止，我們介紹了微分方程式在物理學扮演了哪些角色。在數學的世界裡，會透過數學的方式觀察那些源自物理學的微分方程式。

例如簡諧運動的微分方程式

$$-ky = my''$$

就是稱為齊次線性微分方程式的微分方程式。之所以被稱為齊次「線性」（ 1.2 ）是因為這個微分方程式具有下列兩個性質，構成一個向量空間。

- 這個微分方程式若有 2 個解，這兩個解的和也是解。
- 這個微分方程式若有 1 個解，其常數倍也是解。

此外，也有被稱為非齊次線性微分方程式的微分方程式。這是所有解都是某個齊次線性整分方程式的解再加上某個特定解的型態的微分方程式（意思是，所有解都是向量空間平行移動的解）。體感時間與拋體運動的微分方程式

$$y' = \frac{4}{t}, \quad y'' = g$$

就是這類微分方程式。齊次、非齊次線性微分方程式統稱為線性微分方程式，也比較容易得出解。

重點在於非線性的微分方程式，也就是非線性微分方程式。之後介紹的納維 － 斯托克斯方程式就是非線性微分方程式。一般來說，要解開這種非線性微分方程式非常困難。

由於我們在體感時間或是拋體運動的例子快速「求出」解，所以能掌握這些現象的全貌，但是用來描述這個世界現象的微分方程式，很多是「求不出」解的。這裡所說的「求」指的是「能夠利用熟悉的函數寫出解」的意思。

就算是無法以具體型態寫出解的微分方程式，透過各種方式探索這類方程式是否有解？若是有解，是否只有一個解？以及這類方程式的解具有哪些性質？都是微分方程式的主要研究。

## 16.5.　納維－斯托克斯方程式

在剛剛介紹過的微分方程式之中，$y$ 都是只有時間 $t$ 的單變數函數，這種含有未知單變數函數的微分方程式又稱為常微分方程式。反之，含有未知多變數函數的微分方程式稱為偏微分方程式。比方說，波動方程式這種方程式是下列這種以 $s$ 為常

數，$(x_1, x_2, x_3)$ 為三維座標，$t$ 為時間的線性偏微分方程式。

$$\frac{1}{s^2}\frac{\partial^2 u}{\partial t^2} = \frac{\partial^2 u}{\partial x_1{}^2} + \frac{\partial^2 u}{\partial x_2{}^2} + \frac{\partial^2 u}{\partial x_3{}^2}$$

未知的四變數函數 $u\ (x_1, x_2, x_3, t)$ 代表波在時間 $t$、位置 $(x_1, x_2, x_3)$ 時的變位。波動方程式是用來描述電磁波、音波這類波動在三維空間運動方式的微分方程式。

　　此外，還有納維 − 斯托克斯方程式這種描述水、空間等流體的微分方程式，這是於流體力學廣泛使用的非線性偏微分方程式。

▌**定義** 91.

- $\nu$：代表黏性影響程度的正常數
- $\rho$：代表液體密度的常數
- $f_i(x_1, x_2, x_3, t)(i = 1, 2, 3)$：假設我們知道某個說明外力的函數具有代表座標空間之內的位置（$x_1, x_2, x_3$）與時間 $t$ 這兩個變數，此時，
- $u_i(x_1, x_2, x_3, t)(i = 1, 2, 3)$：以位置與時間為變數的流體速度函數
- $p(x_1, x_2, x_3, t)$：以位置與時間為變數的壓力函數

若未知時，（非壓縮性）納維 - 斯托克斯方程式就是符合下列性質的方程式。

$$\begin{cases} \dfrac{\partial u_1}{\partial t} + \displaystyle\sum_{j=1}^{3} u_j\dfrac{\partial u_1}{\partial x_j} = \nu\Delta u_1 - \dfrac{1}{\rho}\dfrac{\partial p}{\partial x_1} + f_1 \\[2mm] \dfrac{\partial u_2}{\partial t} + \displaystyle\sum_{j=1}^{3} u_j\dfrac{\partial u_2}{\partial x_j} = \nu\Delta u_2 - \dfrac{1}{\rho}\dfrac{\partial p}{\partial x_2} + f_2 \\[2mm] \dfrac{\partial u_3}{\partial t} + \displaystyle\sum_{j=1}^{3} u_j\dfrac{\partial u_3}{\partial x_j} = \nu\Delta u_3 - \dfrac{1}{\rho}\dfrac{\partial p}{\partial x_3} + f_3 \\[2mm] \mathrm{div}\ \vec{u} = 0 \end{cases} \quad (x \in \mathbb{R}^3, t \geq 0)$$

第 16 項

微分方程式論

在上述定義中，

$$\varDelta u_i = \frac{\partial^2 u_i}{\partial x_1{}^2} + \frac{\partial^2 u_i}{\partial x_2{}^2} + \frac{\partial^2 u_i}{\partial x_3{}^2} \ (i = 1,\ 2,\ 3)$$

$$\mathrm{div}\,\vec{u} = \frac{\partial u_1}{\partial x_1} + \frac{\partial u_2}{\partial x_2} + \frac{\partial u_3}{\partial x_3} \ (\boxed{15.2})$$

所謂非壓縮性是指，不管變濃還是變淡，密度都常保一致的流體。這個微分方程式就是用來描述這類流體運動的方程式。

只要未知的函數有兩個以上，就都是多變數函數，也會出現許多偏微分。不過，在物理學的世界裡，這個納維 - 斯托克斯方程式是由運動方程式 $\vec{F} = m\,\vec{a}$ 建立的方程式，所以思考這個方程式的動機極為單純。

我們不知道這個方程式在任意時間是否有一般解（姑且不論部分的特殊情況）。這個方程式是否有解也是千禧年大獎難題之一。

---

猜想92 ▶ 納維 - 斯托克斯存在性與光滑性

假設在時間 $0$ 的（平滑）速度函數 $u_i(x_1,\ x_2,\ x_3, 0)(i=1,2,3)$ 為初始值，而且沒有外力項（$f_1 = f_2 = f_3 = 0$）。此時，滿足納維 - 斯托克斯方程式與多個物理性質的平滑函數 $u_1$、$u_2$、$u_3$、$p$ 存在於任何空間及時間。

---

雖然我們不知道這個方程式的解，但在經過長時間的研究之後，知道這個方程式可精準地表現流體現象，所以這個微分方程式也顯得十分重要。在微分方程式論的世界裡，還有許多觀察日常現象的微分方程式正在進行研究。

# 複變函數論
## Complex Analysis

複變函數論處理的是複數函數的微積分,所謂的複數函數則是輸入複數就會輸出複數的函數。到目前為止,$y=\cos x$ 這類三角函數、$y=2^x$ 這類指數函數都是輸入實數就輸出實數的函數,而這節要將這些函數視為複數函數以及輸入「複數」。比方說,在 $y=\cos x$ 代入 $x=i$,可得到下列結果:

$$\cos i = \frac{e+e^{-1}}{2} = 1.543\cdots\;(e\,為自然常數)$$

在實數的世界裡,不可能出現 cos 的值大於 1 的現象。

複變函數論的目的之一就是像這樣將實數世界為人所知的函數擴張至複數世界,而且在複數的世界裡,這些函數也同樣定義了微積分的概念,還建立了比實數世界更美麗的理論。

## 17.1. 函數的擴張

在複數函數的美麗定理中,最常被提及的定理如下。

> ⓘ | **定理93. 歐拉公式**
>
> 假設 $z$ 為複數,則下列式子成立。
> $$e^{iz} = \cos z + i\sin z$$
> 尤其 $z=\pi$ 的時候,$e^{i\pi} = -1$。

$e^{i\pi}$ 具有於代數學定義的虛數單位 $i$,以及於幾何學定義的圓周率 $\pi$,還有於分析學定義的自然常數 $e$(參考 p.14)。這些居

然能組合成簡單的數，真是令人吃驚。

接下來說明這個歐拉公式。首先，$e^{iz}$ 為 $e$ 的複數次方，但這個到底是如何定義的呢？

第一次學習次方時會知道 $e^n$ 就是 $e$ 連乘 $n$ 次，所以有可能完全無法想像「連乘複數次」到底是怎麼一回事。**14.4** 介紹了函數的泰勒展開式。將三角函數與指數函數定義為複數函數時，會反過來將泰勒展開式當成「定義」使用。也就是對複數 $z$ 如下定義[※1]（複數函數的變數常以 $z$ 代替 $x$，所以本書也從善如流）。

$$\sin z = z - \frac{1}{3!}z^3 + \frac{1}{5!}z^5 - \cdots + (-1)^k \frac{1}{(2k+1)!}z^{2k+1} + \cdots \quad \cdots\cdots①$$

$$\cos z = 1 - \frac{1}{2!}z^2 + \frac{1}{4!}z^4 - \cdots + (-1)^k \frac{1}{(2k)!}z^{2k} + \cdots \quad \cdots\cdots②$$

$$e^z = 1 + z + \frac{1}{2!}z^2 + \frac{1}{3!}z^3 + \cdots + \frac{1}{k!}z^k + \cdots \quad \cdots\cdots③$$

比方說，剛剛介紹的 $\cos i$ 也可利用這個定義計算（最後的等號可透過上述 $e^z$ 的定義求得，但細節予以省略）。

$$\cos i = 1 - \frac{1}{2!}i^2 + \frac{1}{4!}i^4 - \cdots + (-1)^k \frac{1}{(2k)!}i^{2k} + \cdots$$
$$= 1 + \frac{1}{2!} + \frac{1}{4!} + \cdots + \frac{1}{(2k)!} + \cdots$$
$$= \frac{e + e^{-1}}{2}$$

此外，$\cos z$ 的實部圖形如下頁圖。在複數函數是輸入複數就輸出複數的函數。由於複數是以兩個實數 $a$、$b$ 寫成 $a+bi$ 的數，所以也能將複數函數看成兩個實數對應兩個實數的函數。如此一來，這個圖形就能於 $2+2=4$ 維空間描繪，但是活在三維空

---

[※1] 右邊的無窮級數是否會在複數的範圍收斂也是問題，但這裡姑且不談。

間的我們無法畫出這個圖形，所以下圖就是輸入的值仍舊是複數，但輸出的值只看實部（$a+bi$ 的 $a$）的圖形。

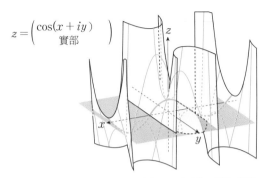

$$z = \left( \underset{\text{實部}}{\cos(x + iy)} \right)$$

接著來了解證明歐拉公式的流程。在前面提到的 $\cos z$ 的泰勒展開式②與 $\sin z$ 的泰勒展開式①乘上 $i$ 再相加，可得到下列結果：

$$\cos z + i \sin z$$
$$= \left( 1 - \frac{1}{2!}z^2 + \frac{1}{4!}z^4 - \cdots + (-1)^k \frac{1}{(2k)!}z^{2k} + \cdots \right)$$
$$+ i\left( z - \frac{1}{3!}z^3 + \frac{1}{5!}z^5 - \cdots + (-1)^k \frac{1}{(2k+1)!}z^{2k+1} + \cdots \right)$$
$$= 1 + iz - \frac{1}{2!}z^2 - i\frac{1}{3!}z^3 + \frac{1}{4!}z^4 + i\frac{1}{5!}z^5 - \cdots$$

這個結果與 $e^z$ 的泰勒展開式③的 $z$ 換成 $iz$ 的結果一致。

$$e^{iz} = 1 + iz + \frac{1}{2!}(iz)^2 + \frac{1}{3!}(iz)^3 + \frac{1}{4!}(iz)^4 + \frac{1}{5!}(iz)^5 + \cdots$$
$$= 1 + iz - \frac{1}{2!}z^2 - i\frac{1}{3!}z^3 + \frac{1}{4!}z^4 + i\frac{1}{5!}z^5 - \cdots$$

因此可以得到下列的結果。

$$e^{iz} = \cos z + i \sin z$$

## 17.2.　複數函數的微積分

接著來了解複數函數的微積分。複數函數的微分與實函數（實數的函數）具有同樣的定義，也可以進行下列計算。

$$(x^n)' = nx^{n-1}, \quad (\sin x)' = \cos x$$

不過，可微分的複數函數又有全純函數這個特別的名稱，因為這個函數具有下列明顯的性質。

> 🔍 | 定理94.　複數函數的微分
>
> 假設在有複數函數的區域 $D$ 可以微分，那麼不管幾次都可以微分。

實函數沒有這個定理，因為可微分一次的實函數不一定能微分兩次。

⊙例 95.

$$f(x) = \begin{cases} x^2 & (x \geq 0) \\ 0 & (x < 0) \end{cases}$$

可以微分成下列結果：

$$f'(x) = \begin{cases} 2x & (x \geq 0) \\ 0 & (x < 0) \end{cases}$$

但是當 $x = 0$，$f'(x)$ 就無法微分。

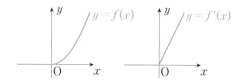

第
17
項

複變函數論

接著要介紹的是複數函數的積分。複數函數是將複數「平面」的某個區域當成定義域的函數，所以與雙變數函數的積分（ 15.1 ）一樣，可視為沿著複數平面上的路徑 $C$ 進行的積分，也就是函數 $f(z)$ 的積分（線積分），可寫成下列型態：

$$\int_C f(z)dz$$

這種複數函數的線積分其實發生了一個驚人的現象，就是下列的柯西積分定理。

---

**定理96. 柯西積分定理**

在複數平面的單連通（ 11.4 ）區域 $D$ 之中的全純函數 $f(z)$ 與區域 $D$ 之內的閉曲線（起點與終點相同的曲線）$C$ 符合下列式子：

$$\int_C f(z)dz = 0$$

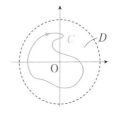

---

這個定理的意思是「沿著全純函數積分繞一圈，一定會等於 $0$」。從這個定理也可得知下列事項。

○例 86 的時候說過，在替實數的雙變數函數進行積分時，就算起點與終點相同，只要路徑不同，積分值就會改變，但是全純函數的積分又如何呢？以下以起點與終點都為 A 與 B，但路徑不同的路徑 $C_1$ 與 $C_2$ 為例說明。將合併的 $C_1$ 與 $C_2$ 視為路徑 $C$，也就是「從起點 A 沿著 $C_1$ 走，在經過點 B 之後，

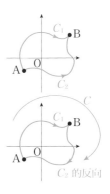

直接反方向沿著 $C_2$ 走，再回到終點 A」的路線。這條路線會因為柯西積分定理而滿足下列公式：

$$\int_C f(z)dz = 0$$

沿著路徑 $C$ 進行的積分等於沿著 $C_1$ 進行的積分加上反向沿著 $C_2$ 進行的積分，但是反向沿著 $C_2$ 進行的積分等於順向沿著 $C_2$ 進行的積分的 $-1$ 倍，所以下列式子成立：

$$\int_C f(z)dz = \int_{C_1} f(z)dz - \int_{C_2} f(z)dz$$

將上述兩個式子相加之後，可得到下列結果：

$$\int_{C_1} f(z)dz - \int_{C_2} f(z)dz = 0 \quad \text{換言之，} \quad \int_{C_1} f(z)dz = \int_{C_2} f(z)dz$$

意思是，只要起點是 A、終點是 B，$C_1$ 與 $C_2$ 可以是任何形狀的路徑。這代表沿著任意兩條路徑進行的積分會彼此相等，也意味著不管路徑的形狀為何，全純函數的積分值只由路徑的起點與終點決定。這就是全純函數美麗無比的性質之一。

接著再介紹一個與複數函數有關的神奇定理。

### ⓞ 定理97. 劉維爾定理

**在複數的世界中，有界的全純函數只限常數函數。**

「有界的函數」是指函數值的絕對值一定收斂於某個範圍的函數。

● 例 98

- 以實函數的函數 $f(x) = \sin x$ 為例，這個函數的值介於 $|f(x)| \leqq 1$ 的範圍，因此 $f(x)$ 為有界的實函數。

- 至於 $g(x) = x^2$ 這個函數，只要不斷代入 $x = 10$、$100$、$1000$、⋯這類值，會發現 $g(x)$ 的值（的絕對值）可以無止盡變大，所以 $g(x)$ 這種函數不是有界的函數。

複數函數的 $\sin z$（與實數函數一樣）會在微分之後變成 $\cos z$，是以複數定義的全純函數。由於 $\sin z$ 擺明不是常數函數，所以從劉維爾定理（的逆否命題）來看，$\sin z$ 不是有界函數，也知道 $\sin z$ 的值的絕對值可無限放大。

在實函數的世界裡，$\sin x$ 的值只會落在 $-1 \leq \sin x \leq 1$ 的範圍，但是複數函數的 $\sin z$ 卻有滿足

$$\sin z = 2$$

的複數 $z$，而且還可以是任意的複數值（從剛剛 p.187 的圖形也可以發現這點）。當我們熟悉的函數擴張成複數函數，就具有這些不可思議的性質。

## 17.3.　代數基本定理

### 💡 定理 99.　代數基本定理

假設 $n \geq 1$。複數係數的 $n$ 次方程式

$$a_n x^n + a_{n-1} x^{n-1} + \cdots + a_1 x + a_0 = 0$$

$$(a_0 、 a_1 、 \cdots 、 a_n 為複數常數， a_n \neq 0)$$

一定有複數解。

例 100.

- 以下來探討方程式式 $x^2 - 2 = 0$。這個方程式在有理數的範圍沒有解，如果在實數的範圍求解，可得到 $x = \pm\sqrt{2}$ 的解。因此「有理數係數的 $n$ 次方程式一定具有有理數解」不成立。

- 以下來探討方程式 $x^2 + 1 = 0$。這個方程式在實數的範圍沒有解，如果在複數的範圍求解，可得到 $x = \pm i$ 的解。因此「實數係數的 $n$ 次方程式一定具有實數解」不成立。

　由此可知，在有理數或實數的世界裡，$n$ 次方程式不一定有解。代數基本定理主張「如果連複數範圍一併納入考慮，$n$ 次方程式必定有解」。

　在有理數的範圍裡，沒有平方之後等於 $2$ 的數，所以在納入無理數之後，就能將數的世界擴張至實數。此外，在實數的範圍裡沒有平方之後等於 $-1$ 的數，所以納入虛數之後，就能將數的世界擴張至複數。

　主張「$n$ 次方程式必定有解」是像這樣擴張數的目的之一。若從這個角度來看，代數基本定理具有「數的世界只須要擴張至複數的範圍即可」。這個由複數集大成的世界[※2]之所以美麗，也是基於這個理由。

　雖然這個定理稱為「代數基本定理」，但在現代通常透過複數函數論證明。最後要介紹這個定理的證明概要，替本節做個總結。

---

※2　由複數組成的體（第4項）稱為代數閉體。

>> 代數基本定理（ 💡 定理99 ）的證明概要

假 設 $f(z)=a_n z^n + \mathrm{a}_{n-1}z^{n-1}+\cdots+a_1 z+a_0 (n \geq 1)$，$f(z)=0$ 的複數 $z$ 不存在，代表 $g(z)=\dfrac{1}{f(z)}$，所有值都為複數，也是全純函數。如此一來，即可證明 $g(z)$ 為有界函數（這部分有點難），而根據劉維爾定理的主張，$g(z)$ 為常數，換言之，$g(z)$ 的倒數 $f(z)$ 也一定是常數，所以 $f(z)=a_0$。不過，這與 $n \geq 1$ 的假設矛盾。

由此可證明滿足 $f(z)=0$ 的複數 $z$ 存在。∎

## Essential Points on the Map

☑ **微分方程式論**…在函數未知的情況下觀察該函數的導函數與相關方程式的領域。

  · **線性微分方程式**…解的集合具有線性（ 1.2 ）（稍微變形的性質）的微分方程式。

  · **非線性微分方程式**…不為線性的微分方程式。

  · **常微分方程式**…單變數函數的微分方程式。

  · **偏微分方程式**…多變數函數的微分方程式，也是包含多個變數的偏微分的方程式。

「微分方程式的分類」

|  | 常 | 偏 |
|---|---|---|
| 線性 | 人生的體感時間（ 16.1 ）<br>拋體運動（ 16.2 ）<br>簡諧運動（ 16.3 ） | 波動方程式（ 16.5 ）<br>熱傳導方程式（ 18.3 ） |
| 非線性 | $y' + y = y^2$ 等<br>（本書未介紹） | 納維-斯托克斯方程式<br>（ 16.5 ） |

☑ **複變函數論**…處理複數函數的微積分的領域。

  · 可微分一次的函數就能無限次微分（全純函數）。

  · 沿著可微分區域繞行一週後，複數函數的積分值必定為 0。

  · 在複數的世界裡，可微分的有界函數一定是常數函數。

  → 有許多美麗的性質成立！

# 第**18**項

# 傅立葉分析

## Fourier Analysis

傅立葉分析就是利用傅立葉級數或傅立葉轉換研究函數的領域。主要是將各種函數視為具週期性的三角函數的重疊，再以級數的形式表現函數，或是轉換成另一種函數。傅立葉分析常用於工程學，也是應用範圍廣泛的領域。

## 18.1. 傅立葉級數

泰勒展開式（ 14.4 ）也是以冪級數表現函數的方法之一。比方說：

$$e^x = 1 + x + \frac{1}{2!}x^2 + \frac{1}{3!}x^3 + \frac{1}{4!}x^4 + \cdots + \frac{1}{k!}x^k + \cdots$$

就是以 1、$x$、$x^2$、$x^3$、…的（實數係數的）無窮和表現的展開式。其他還有以某種基本函數的無窮和表現函數的方法。

一如右圖函數所示，這種值於固定間隔重覆的函數稱為週期函數。而這個重覆的區間則稱為週期。本節要探討的是週期為 $2\pi$ 的函數（$-\pi \leqq x \leqq \pi$ 的部分不斷重覆的函數）。

眾所周知（實際應用的）週期函數幾乎都以三角函數的無窮和表現，而這就是傅立葉級數。

> **定義 101.**  假設函數 $f(x)$ 的週期為 $2\pi$。$f(x)$ 以下列
> 形態表現時 [※1]，等號右邊的部分就稱為 $f(x)$ 的 傅立葉級
> 數展開式。
>
> $$f(x) = \frac{a_0}{2} + \sum_{k=1}^{\infty}(a_k \cos kx + b_k \sin kx)\ (a_0 \cdot a_k \cdot b_k \text{ 為常數})$$
>
> $$= \frac{a_0}{2} + a_1 \cos x + b_1 \sin x + a_2 \cos(2x)$$
>
> $$+ b_2 \sin(2x) + a_3 \cos(3x) + b_3 \sin(3x) + \cdots$$

$y = \sin x$ 或 $y = \cos x$ 都是週期 $2\pi$ 的函數。這些函數就稱為
「週波數 1 的函數」。$y = \sin(2x)$ 或 $y = \cos(2x)$ 為週期 $\pi$ 的函
數，會在 $y = \sin x$ 或 $y = \cos x$ 重覆一次的 $2\pi$ 期間重複，所以稱
為「週波數 2 的函數」。同理可證，$y = \sin(kx)$ 或 $y = \cos(kx)$
會在 $2\pi$ 期間重覆 $k$ 次，所以是「週波數 $k$ 的函數」。

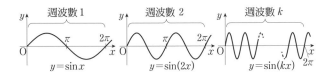

　　將具有各種週波數的三角函數的波調整為適當的振幅再重
疊，就能得到不同形狀的圖形。這種以重疊的三角函數表現函
數的方式就稱為傅立葉級數展開式。

　　$a_\bullet$、$b_\bullet$ 的係數代表各週波數的波的振幅放大倍數。以下頁
右圖的函數 $y = f(x)$ 為例，可寫成下列式子：

$$f(x) = \sin x + 2\sin(2x) + \sin(3x)$$

---

[※1]　嚴格來說，不會對所有 $x$ 要求等式成立，而是會如後續的 ● 例 102，容許出現例外，一般來說，也會
　　　將右邊的級數定義為往 $f(x)$ 收斂（例如 **21.3** 介紹的拓樸的收斂：$L^2$ 收斂）。定義嚴謹時，會產生許
　　　多細節方面的問題，所以在此僅視為「相等」即可。

換言之，$y = f(x)$ 的圖形是由週波數 1 的波、週波數 2 的波的振幅乘以 2 倍之後的波、週波數 3 的波重疊而成的圖形。

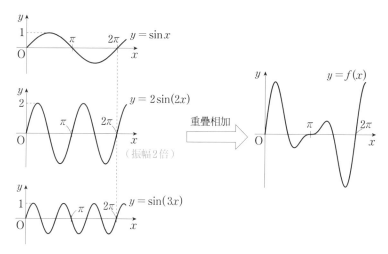

接著來試著重疊無限個三角函數的波。

◎例 102.

$-\pi \leqq x < \pi$ 的部分固定為

$$f(x) = \begin{cases} -1 & (-\pi \leqq x < 0) \\ 1 & (0 \leqq x < \pi) \end{cases}$$

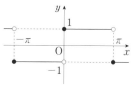

讓我們思考讓這個波重覆的週期函數

（右圖）。這個形狀的波很常用於數位訊號使用。

這個函數的傅立葉級數如下：[2]

$$f(x) = \frac{4}{\pi} \sum_{k=1}^{\infty} \frac{\sin(2k-1)x}{2k-1}$$

$$= \frac{4}{\pi} \sin x + \frac{4}{3\pi} \sin(3x) + \frac{4}{5\pi} \sin(5x) + \frac{4}{7\pi} \sin(7x) \quad \cdots$$

$$（不過，x = \cdots、-\pi、0、\pi、\cdots 除外）\cdots\cdots①$$

---

[2] 假設 $x = 0$，$f(0) = 1$，（①的右邊）$= 0$

①不會成立。這是因為 $f(x)$ 為 $x = 0$ 的時候不連續。①在 $x = \cdots$、$-\pi$、$0$、$\pi$、$\cdots$ 以外的 $x$（幾乎所有的 $x$）成立（參考註釋※1）。

在總和有限的地方停下來，並且如下列方式慢慢增加項數

- $f_1(x) = \dfrac{4}{\pi}\sin x$

- $f_2(x) = \dfrac{4}{\pi}\sin x + \dfrac{4}{3\pi}\sin(3x)$

- $f_3(x) = \dfrac{4}{\pi}\sin x + \dfrac{4}{3\pi}\sin(3x) + \dfrac{4}{5\pi}\sin(5x)$

- $f_4(x) = \dfrac{4}{\pi}\sin x + \dfrac{4}{3\pi}\sin(3x) + \dfrac{4}{5\pi}\sin(5x) + \dfrac{4}{7\pi}\sin(7x)$

就能得到下列圖形。這個圖形的極限就是 $f(x)$。

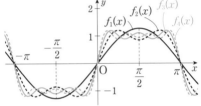

傅立葉級數的係數 $a_0$、$a_1$、$a_2$、$\cdots$、$b_1$、$b_2$、$\cdots$ 在原始的函數 $f(x)$ 之中，代表含有多少這些週波數的成分，因此以傅立葉級數表現函數就等於計算該函數之內各種週波數的強度。

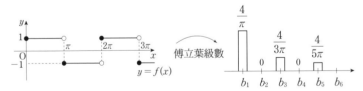

那麼該怎麼實際計算在函數 $f(x)$ 代表各種週波數強度的 $a_k$ 與 $b_k$ 呢？可利用下列的積分方式計算：

$$a_k = \frac{1}{\pi}\int_{-\pi}^{\pi} f(x)\cos(kx)dx \; , \quad b_k = \frac{1}{\pi}\int_{-\pi}^{\pi} f(x)\sin(kx)dx \cdots\cdots ②$$

◉例 103.

比方說，◉例 102的函數

$$f(x) = \begin{cases} -1 & (-\pi \leqq x < 0) \\ 1 & (0 \leqq x < \pi) \end{cases}$$

的傅立葉級數 $\sin(3x)$ 的係數 $b_3$ 為 $\dfrac{4}{3\pi}$。這個 $\dfrac{4}{3\pi}$ 可透過下列式子算出：

$$b_3 = \frac{1}{\pi} \int_{-\pi}^{\pi} f(x)\sin(3x)dx = -\frac{1}{\pi}\int_{-\pi}^{0}\sin(3x)dx + \frac{1}{\pi}\int_{0}^{\pi}\sin(3x)dx$$

## 18.2.　傅立葉轉換

　　由於 $\sin(kx)$、$\cos(kx)$（$k$ 為自然數）都是週期為 $2\pi$ 的函數，所以加總之後的傅立葉級數週期也一定是 $2\pi$。因此，週期為 $2\pi$ 的函數只能利用傅立葉級數表現。不過，就實務而言也必須思考沒有週期性的函數，此時就要對這類函數進行傅立葉轉換的操作。

> 定義 104.　假設有個函數 $f(x)$，此時定義為
>
> $$\widehat{f}(t) = \frac{1}{\sqrt{2\pi}} \int_{-\infty}^{\infty} f(x)e^{-itx}dx$$
>
> 的函數 $\widehat{f}(t)$ 就稱為 $f(x)$ 的傅立葉轉換。

　　上述定義中的 $i$ 為虛數單位。從歐拉公式（ 定理 93 ）想起 $e^{iz} = \cos z + i\sin z$ 之後，右邊的積分會變成下列式子：

$$\int_{-\infty}^{\infty} f(x)e^{-itx}dx = \int_{-\infty}^{\infty} \{f(x)\cos(tx) - if(x)\sin(tx)\}dx$$

簡單來說，這就是在 $f(x)$ 乘上 $\cos(tx)$ 這類三角函數再積分的式子，這與計算傅立葉級數的係數 $a_k$、$b_k$ 所使用的式子②非常相似。假設 $t=2$，就會得到下列結果，也會算出週波數 2 這個強度。

$$\widehat{f}(2) = \frac{1}{\sqrt{2\pi}} \int_{-\infty}^{\infty} \{f(x)\cos(2x) - if(x)\sin(2x)\}dx$$

換言之，傅立葉轉換就是在將 $f(x)$ 分解成各種週波數的三角函數時，算出週波數 $t$ 的強度 $\widehat{f}$（函數）的過程。

## 18.3. 傅立葉分析的應用

傅立葉（Fourier，1768－1830）之所以導入傅立葉級數的概念，是為了解決熱傳導方程式這個微分方程式。熱會從高溫處流往低溫處，而熱傳導方程式就是與這種熱傳導過程有關的微分方程式。

假設有一根長度為 $L$ 的金屬棒，表面是能完全阻絕熱能的材質，而且兩端永遠維持 0 度。

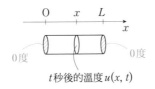

第 18 項

傅立葉分析

　　假設在金屬棒的方向導入座標，將金屬棒的左端定為座標 $0$，右端定為座標 $L$，那麼在位置 $x$ 的 $t$ 秒後溫度 $u(x, t)$ 滿足下列的偏微分方程式。

$$\frac{\partial^2 u}{\partial x^2} = k \frac{\partial u}{\partial t} \ (k \text{ 為正的常數})$$

　　等號右邊代表的是位置固定時的溫度上升速度，等號左邊代表的是時間固定，位置改變時的溫度斜率變化的比。

　　從下方左圖可以發現，比起代表溫度曲線斜率變化的比較為平緩，右圖這種斜率較為陡急的情況，中央部分的溫度一下子就下降了。用來說明這種關係的就是上述的熱傳導方程式。

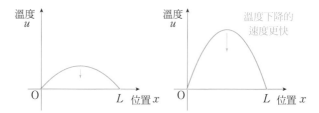

　　以傅立葉級數表現未知解 $u$ 就能求出熱傳導方程式的解。傅立葉級數或傅立葉轉換在現代除了可用來解決熱傳導方程式，也是用來解決各種微分方程式的道具，而利用這些道具研究函數的領域就是傅立葉分析。

　　我在 YouTube 上傳了課程影片，編輯影片的時候，也使用了傅立葉分析的技術。

　　影片的語音為「音波」，透過傅立葉轉換處理這個音波，就能算出這個音波含有哪些週波數的音，如此一來，就能分類一個語音資料之中的各種音，還能從中去除被視為噪音的週波數，也就能讓觀眾聽到更舒服的語音。

　　傅立葉轉換也應用於日常生活的各種場景中,例如影像處理或是醫療的電腦斷層掃描技術都應用了傅立葉轉換的技術。

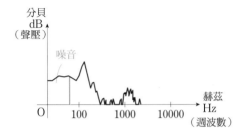

## 專欄 2　筆者的專業領域（2）：p 進數

　　繼專欄 1 之後，為大家繼續介紹筆者的專業領域。這次要介紹的是「$p$ 進數」。

　　假設 $p$ 為質數，$p$ 進數的世界就是以 $p$ 除之的次數越多，越接近 0 的神奇世界。

　　比方說，在 3 進數的世界裡，1、3、9、27、81、243、⋯是收斂於 0 的數列。第一次聽到 $p$ 進數的人，應該根本聽不懂這在講什麼才對，有些人甚至會覺得，這不是離 0 越來越遠嗎？不過，這其實是因為我們利用的是最熟悉的歐幾里得距離（●例 52）掌握數的距離感。這個 $p$ 進數的世界將有別於歐幾里得距離的 $p$ 進距離導入了有理數的集合 $\mathbb{Q}$。

　　假設有兩個有理數 $a$、$b$，兩者的差距為 $a-b$，此時 $a-b$ 的絕對值越小，代表 $a$ 與 $b$ 越「接近」，而這就是所謂的歐幾里得距離。反觀 $p$ 進距離則是以 $p$ 除以 $a-b$ 的次數越多，代表 $a$ 與 $b$ 越「接近」的距離。如果以歐幾里得距離進行完備化的操作，有理數 $\mathbb{Q}$ 就能擴張至實數 $R$，若利用 $p$ 進距離進行完備化的操作，就能讓有理數 $\mathbb{Q}$ 擴張至 $p$ 進數 $\mathbb{Q}_p$。這在 $p$ 進數的世界的數論研究裡是非常重要的概念。

$p$ 進數的世界示意圖（以 $p=3$ 為例）
位於同一個圓圈中的數字越「接近」。這個巢狀結構會無限往內側延伸。

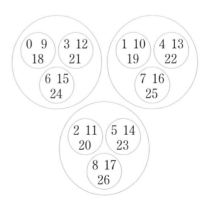

# 勒貝格積分論
## Lebesgue Integration Theory

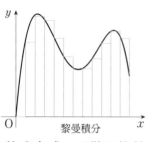

黎曼積分

勒貝格積分論是由勒貝格（Lebesgue，1875－1941）以不同於黎曼積分的方法定義的積分。假設函數 $y=f(x)$ 為 $a \leqq x \leqq b$，那麼黎曼積分的方式就是將 $a \leqq x \leqq b$ 的部分垂直切成多個長條，藉此逼近面積的積分方式，而勒貝格積分則是切割 $y$ 軸以逼近面積的方式。

## 19.1. 勒貝格積分的概念

例如來試著探討下方左圖的函數 $f(x)$。將 $0 \leqq y<1$ 的值設定為 $y=0$，再將 $1 \leqq y<2$ 的部分設定為 $y=1$，然後無條件捨去 $y$ 座標值的小數點（下圖右側）。$y=f(x)$ 的圖會變成落差為 1 的階梯狀。這就是函數 $y=[f(x)]$ 的圖（$[z]$ 為代表小於等於 $z$ 的最大整數的高斯符號）。

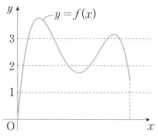
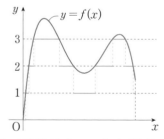

$y=f(x)$ 的曲線與 $x$ 軸圍成的面積能夠與 $y=[f(x)]$ 的圖形與 $x$ 軸圍成的階梯狀面積逼近。如右頁圖所示，讓這些階梯①

〜③的高度與寬度相乘，算出面積之後，再加總算這些面積，就能算出整個階梯圖形的面積。也就是

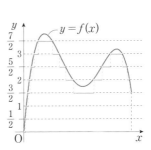

（高度 0 的階梯⓪的寬度）×0

　＋（高度 1 的階梯①的寬度）×1

　＋（高度 2 的階梯②的寬度）×2

　＋（高度 3 的階梯③的寬度）×3

這個式子會與下列的式子相等：

（ $0 \leq f(x) < 1$ 的 $x$ 的範圍的長度）×0

　＋（ $1 \leq f(x) < 2$ 的 $x$ 的範圍的長度）×1

　＋（ $2 \leq f(x) < 3$ 的 $x$ 的範圍的長度）×2

　＋（ $3 \leq f(x) < 4$ 的 $x$ 的範圍的長度）×3

接著，讓切割 $y$ 軸的間隔變得更細，以 $y = 0$、 $\dfrac{1}{2}$、1、 $\dfrac{3}{2}$、2、…… 這類數值切割。換言之，就如右圖所示，將 $0 \leq y < \dfrac{1}{2}$ 的值的部分設定為 $y = 0$，再將 $\dfrac{1}{2} \leq y < 1$ 的值的部分設定為 $y = \dfrac{1}{2}$，藉此逼近落差為 $\dfrac{1}{2}$ 的階梯。接著以剛剛的方式，根據每層階梯的高度計算面積，就能以下列方式進行計算：

（ $0 \leq f(x) < \dfrac{1}{2}$ 的 $x$ 的範圍長度）×0

　＋（ $\dfrac{1}{2} \leq f(x) < 1$ 的 $x$ 的範圍長度）× $\dfrac{1}{2}$

$$+（1 \leqq f(x) < \frac{3}{2} \text{ 的 } x \text{ 的範圍長度 }）\times 1 + \cdots$$

$$+（\frac{7}{2} \leqq f(x) < 4 \text{ 的 } x \text{ 的範圍長度 }）\times \frac{7}{2}$$

　　像這樣將切割 $y$ 軸的寬度（階梯的落差）縮小至極限，利用落差更小的階梯逼近，就能更精準地逼近 $y = f(x)$ 的圖形。將這種逼近方式整理成公式的積分就稱為勒貝格積分。

　　勒貝格積分的問題在於該如何計算各層階梯的寬度。比方說，該如何計算「（$\frac{1}{2} \leqq f(x) < 1$ 的 $x$ 的範圍的長度）」，亦即，這裡的「長度」到底是什麼？又該如何測量的問題。如果是連續函數這種簡單易懂的函數或許這就不會是問題，但如果是下列這個例子，又該如何處理呢？

　　◉例 105.

讓我們來探究下面這種既複雜又奇怪
的函數 $f(x)$。

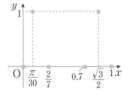

$$f(x) = \begin{cases} 0 \ （x \text{ 為有理數}） \\ 1 \ （x \text{ 為無數理}） \end{cases}$$

這是 $x$ 為有理數的時候值為 $0$，$x$ 為無理數的時候值為 $1$ 的函數。在任何兩個不同的有理數之間有無理數，而在任何兩個不同的無理數之間有有理數。在 $0 \leqq x \leqq 1$ 的範圍內，充斥著無數個有理數與無理數，因此我們「無法正確畫出」圖形。

不過，在 $0 \leqq x \leqq 1$ 的 $f(x)$ 可以進行勒貝格積分。要進行勒貝格積分就是在 $0 \leqq x \leqq 1$ 的範圍之內，以階梯逼近 $y = f(x)$ 的圖形。由於這次的 $f(x)$ 的值不是 $0$ 就是 $1$，所以 $x$ 為有理數部分的高度為 $0$ 的階梯，$x$ 為無理數部分的高度為 $1$ 的階梯，

總共只有兩個階梯。一如後述（在勒貝格的概念中），在 $0 \leqq x \leqq 1$ 的範圍內，「$x$ 為有理數部分的長度」為 0，「$x$ 為無數理部分的長度」為 1。雖然 $x$ 為有理數的點有無數多個，但就算將這些點全部相加，「長度」也不夠，所以才將「$x$ 為有理數部分的長度」視為 0。假設逼近 $f(x)$ 的階梯為寬度 0、高度 0 的階梯以及寬度 1、高度 1 的階梯，就能以下列式子算出結果：

$$\int_0^1 f(x)dx = 0 \times 0 + 1 \times 1 = 1 \text{（左邊為勒貝格積分）}$$

這個函數 $f(x)$ 是無法進行黎曼積分[1]，但可以進行勒貝格積分的代表範例，所以就算是少數既複雜又奇怪的函數，也可透過勒貝格積分求出積分。

## 19.2. 測度

以下針對剛剛提到的「$x$ 為有理數的部分」，討論該如何找出這個複雜「圖形」的長度。要替這個問題找出嚴謹的公式，須要用到測度這個概念。測度就是長度或面積的廣義化。

讓我們回顧幾個有關面積的概念。由若爾當（Jordan，1838－1922）提出的概念以及勒貝格提出的概念最具代表性（勒貝格提出的概念當然與勒貝格積分有關）。

以下先說明若爾當提出的面積概念。

假設如下圖所示，平面裡面有有界的（不會延伸至無限

---

[1] 詳細的理由予以省略，但主要是黎曼和（ 14.2 ）不會收斂。

遠）圖形 $E$，我們想測量這個圖形 $E$ 的面積。因此我們在圖形 $E$ 的內側鋪滿有限個正方形（包含邊界）。只要縮小這些正方形，減少與 $E$ 之間的空隙，正方形的面積總和就會增加，也會越來越接近圖形 $E$ 的面積。假設這個總和的上限（面積總和無限放大時趨近的值）為 $S_內(E)$。

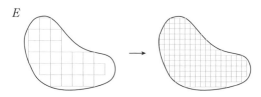

接著從圖形 $E$ 的外側以有限個正方形覆蓋圖形 $E$。同理可證，當正方形不斷縮小，其面積總和就會不斷減少。假設這個總和的下限（面積總和無限縮小時趨近的值）為 $S_外(E)$。

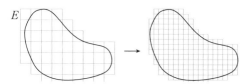

當 $S_內(E)$ 與 $S_外(E)$ 相等（也就是從外側與從內側逼近的面積相等），這個值就是圖形 $E$（照若爾當的說法）的面積。

接著，勒貝格提出的面積概念如下。

假設眼前一樣有個圖形 $E$，利用大小不一的可數無限個（ 24.1 ）的正方形 $E_1$、$E_2$、…從外側開始覆蓋圖形 $E$，這些正方形的面積的總和則為：

$$S(E_1) + S(E_2) + S(E_3) + \cdots$$

假設這個總和的下限為 $S_外(E)$（從外側逼近圖形 $E$ 的面積）。

反之，假設圖形 $E$ 完整位於某個大長方形 $U$ 裡面，然後以可數無限個的正方形 $F_1$、$F_2$、⋯⋯從外側包含圖形 $E$ 的外側部分 $\overline{E}$，此時這些正方形面積的總和則為

$$S(F_1) + S(F_2) + S(F_3) + \cdots$$

假設這個總和的下限為 $I$。這個 $I$ 相當於從圖形 $E$ 的外部測量的結果，因此讓我們假設長方形 $U$ 減去 $I$，也就是 $S(U) - I$ 的值為 $S_內(E)$。由於 $S_內(E)$ 是從圖形 $E$ 內部逼近面積的結果，所以 $S_內(E) \leq S_外(E)$ 的式子成立。當 $S_內(E) = S_外(E)$，這個值就是圖形 $E$ 的（以勒貝格的說法而言）面積。

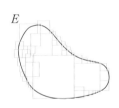
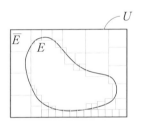

　　若爾當與勒貝格在面積概念的差異之處在於是以有限個正方形覆蓋圖形，還是以可數無限個正方形覆蓋圖形。由於勒貝格提出的面積概念是由無限個正方形覆蓋圖形，所以也能支援「無限次」的操作。

　　剛剛介紹了兩種有關面積的概念，但其實「長度」也能分別以若爾當或勒貝格的方式計算，也就是利用有限個或可數無限個線段取代正方形，藉著鋪滿長度的方式求出。

●例 106.

$0 \leq x \leq 1$ 的有理數 $E$ 的「長度」雖然無法利用若爾當的方式求出，但在勒貝格提出的概念裡，這個「長度」為 $0$。

首先要說明的是若爾當的方式。以有限個線段覆蓋有理數 $E$ 的時候，因為只能使用有限個線段，所以無論如何得覆蓋 $0 \leqq x \leqq 1$，為此 $S_{外}(E) = 1$。

另一方面，無法於 $E$ 的內側鋪滿線段，因為不管是哪種線段，其中必定混雜著無理數。因此，$S_{內}(E) = 0$，$S_{內}(E)$ 與 $S_{外}(E)$ 的值不會一致，所以無法利用若爾當提出的概念定義面積。

那麼換成勒貝格的概念又如何？有理數為可數無限個（ 24.1 ），因此可如下圖替有理數編號

$$a_1 、 a_2 、 \cdots$$

假設 $\varepsilon$ 為正數，有理數 $a_1$ 以長度 $\dfrac{\varepsilon}{2}$ 覆蓋，有理數 $a_2$ 以長度 $\dfrac{\varepsilon}{4}$ 覆蓋，有理數 $a_3$ 以長度 $\dfrac{\varepsilon}{8}$ 覆蓋，以此類推，以前面線段的一半長度覆蓋下一個有理數之後，所有有理數 $E$ 的總長為

$$\frac{\varepsilon}{2} + \frac{\varepsilon}{4} + \frac{\varepsilon}{8} + \cdots = \varepsilon$$

就能以這些線段完整覆蓋！$\varepsilon$ 越趨近於 0 就越能以更短的線段覆蓋總和的長度，而這個值的下限則為 $S_{外}(E) = 0$。

從 $0 \leqq S_{內}(E) \leqq S_{外}(E) = 0$ 導出 $S_{內}(E) = 0$ 後，$S_{內}(E)$ 與 $S_{外}(E)$ 一致，所以在勒貝格提出的概念中，$S(E) = 0$。

　　勒貝格提出的概念之所以重要在於下列的性質成立。這個性質是測度的重要性質之一，正因為這個性質成立，所以在勒貝格提出的概念中，$S$ 也稱為勒貝格測度（在若爾當提出的概念中，$S$ 不能稱為測度）。所謂的「測度」就是測量集合大小的方法。

### 定理107. 勒貝格測度 S 的性質

假設眼前有 $E_1$、$E_2$、$E_3$、…等可數無限個互不重疊的圖形，以這些圖形組成的圖形（聯集）$E = E_1 \cup E_2 \cup E_3 \cup$…勒貝格提出的面積 $S(E)$ 與 $E_1$、$E_2$、$E_3$、…的面積總和相等，所以

$$S(E) = S(E_1) + S(E_2) + S(E_3) + \cdots$$

將「面積」與「長度」重新定義為適合以這種「無限次操作」處理的概念後，利用這個概念重新定義的積分就是勒貝格積分。如今勒貝格積分已成為能處理收斂問題的重要工具。

第 19 項　勒貝格積分論

# 機率論
Probability Theory

## 20.1. 機率就是面積

　　以下來思考擲骰子這件事。擲出骰子之後，可以得到 1 點、2 點、3 點、4 點、5 點、6 點這六種結果。擲骰子的這個操作稱為試驗，試驗的結果（所有的結果）稱為事件。

　　只要剛剛的骰子沒有任何扭曲或造假的部分，前述的 6 個事件應該會以同樣的比例發生。由於全事件（所有可能發生的結果）的機率固定為 1，所以對這 6 個事件分別指派機率 $\frac{1}{6}$，就能替所有事件指定機率。

　　「應該會以同樣的比例發生」可解釋成相同的可能性。在現實世界裡，所有的點數不可能真的以相同比例出現，但為了在數學世界進行嚴謹的討論，會直接將這種具有相同可能性的事件定義為相同的機率，如此一來，才能指定各點事件為 $\frac{1}{6}$ 的機率，也才能以數學的方式進行各種計算。

機率的總和為 1

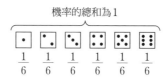

$\frac{1}{6}$　　$\frac{1}{6}$　　$\frac{1}{6}$　　$\frac{1}{6}$　　$\frac{1}{6}$　　$\frac{1}{6}$

　　那麼，當事件有無限多個，又該怎麼辦？

　　比方說，讓我們一起思考從大於等於 0、小於等於 1 的實數中，隨機抽出一個實數 $N$ 的試驗。此時可以得到 $N=0$、$N=\frac{1}{2}$

、$N=\dfrac{1}{\sqrt{2}}$⋯⋯無窮個 $N$，因此讓我們試著假設取得每個實數 $N$ 的機率都為正數，而且相等。就算將取得一個實數 $N$ 的機率定為 $\dfrac{1}{1000000}$，機率的總和也會超過 1，因為 $N$ 有無限個。由於全事件的機率必須為 1，所以這件事不可能發生。因此，在數學的世界裡，會將「$N=0$、$N=\dfrac{1}{2}$、$N=\dfrac{1}{\sqrt{2}}$ 這種 $N$ 為特定值的機率視為 0」。

　　雖然無法賦予每個 $N$ 值正的機率，但如果是「$N$ 大於等於 $\dfrac{1}{2}$ 的機率」就有可能。從數線來看，大於等於 $\dfrac{1}{2}$ 的部分剛好在大於等於 0、小於等於 1 的範圍中占了 $\dfrac{1}{2}$ 的範圍，所以將機率視為 $\dfrac{1}{2}$ 也是理所當然的。同理可證，$N$ 大於等於 $\dfrac{1}{6}$、小於等於 $\dfrac{5}{6}$ 的機率也可以視為 $\dfrac{2}{3}$，因此，$a\leqq N\leqq b$ 的機率就是這個範圍的「長度」，也就是 $b-a$ 的意思。

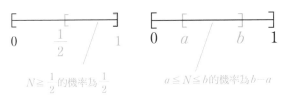

$N\geqq\dfrac{1}{2}$ 的機率為 $\dfrac{1}{2}$　　　　$a\leqq N\leqq b$ 的機率為 $b-a$

　　沒錯，機率就像利用這類具有「長度」或「面積」的東西定義。一如前一節所述，「長度」或「面積」都滿足 🔍 定理107 提到的幾個性質，是分配給「圖形」的數，同理可證，「機率」也是分配給「事件」的數。此時與 🔍 定理107 互相呼應的是機率加法法則

假設事件 $E_1$、$E_2$ 互斥，則 $P(E_1 \cup E_2) = P(E_1) + P(E_2)$〔其實在機率的世界裡，當可數無限個（ 24.1 ）的事件互斥，加法法則也成立〕。看來不管是「機率」還是「面積」，在都是測度的例子這點十分相似啊。

## 20.2. 大數法則

被譽為機率論基礎的重要定理有很多個，在此先為大家介紹這些定理。

在數學世界裡，擲出骰子之後，出現 1 點的機率為 $\frac{1}{6}$，不過在現實世界裡，我們很難真的丟出機率為 $\frac{1}{6}$ 的情況，就算丟了 600 次骰子，1 點也不可能剛好出現 100 次，總是會出現一些誤差，例如出現 96 次或是 102 次，但是就推論而言，只要增加擲骰子的次數，這個誤差應該會縮小，而說明這個現象的就是下列的大數法則。

> **定理108.　弱大數法則（以骰子為例）**
>
> 假設在丟 $N$ 次骰子之後，出現 1 的次數為 $X_N$，對於任意的 $\varepsilon > 0$，下列式子成立。
>
> $$\lim_{N \to \infty} P\left( \left| \frac{X_N}{N} - \frac{1}{6} \right| > \varepsilon \right) = 0$$

$\frac{X_N}{N}$ 是丟 $N$ 次骰子之後，出現 1 點的比例。一般來說，這個值應該接近 $\frac{1}{6}$，而這個期望值與實際的落差為 $\left| \frac{X_N}{N} - \frac{1}{6} \right|$。這

個落差大於 $\varepsilon$（不管這個 $\varepsilon$ 有多小）的機率 $P\left(\left|\dfrac{X_N}{N}-\dfrac{1}{6}\right|>\varepsilon\right)$ 會在丟的次數變多時，逐漸趨近於 0，而這就是這個定理的主張。

## 20.3. 中央極限定理

整理骰子丟 1 次出現的點數以及機率之後，可得到下列「$N=1$」的長條圖。

接著整理骰子丟 2 次出現的點數總和與機率之後，可得到下列「$N=2$」的長條圖。假設出現的點數總和為 8，骰子的點數會是 $(2,6)$、$(3,5)$、$(4,4)$、$(5,3)$、$(6,2)$ 這五種組合，機率為 $\dfrac{5}{36}$。

像這樣逐步增加擲骰子的次數，再整理擲出的點數總和以及機率（這種一覽表稱為機率分布表），就會得到越來越平滑的曲線（在「$N=4$」的長條圖繪製這條曲線）。

這條曲線[1] 的機率分配就稱為常態分布（ 29.4 ）。

※1　$y=\dfrac{1}{\sqrt{2\pi\sigma^2}}\exp\left(-\dfrac{(x-\mu)^2}{2\sigma^2}\right)$ 的曲線。其中的 $\mu$ 為代表平均值的常數，$\sigma>0$ 為代表標準差（$\sigma^2$ 為變異數）的常數。

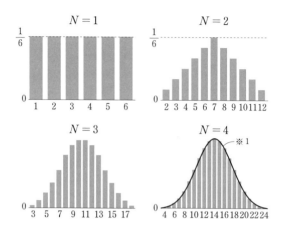

接著來思考骰子有問題的情況。假設點數一樣是 $1 \sim 6$ 點，但是出現的機率各不相同。

| 點數 | 1 | 2 | 3 | 4 | 5 | 6 |
|------|---|---|---|---|---|---|
| 機率 | $\frac{1}{4}$ | $\frac{1}{24}$ | $\frac{1}{3}$ | $\frac{1}{6}$ | $\frac{1}{6}$ | $\frac{1}{24}$ |

假設以相同方式對這個有問題的骰子整理丟 $N$ 次之後的點數總和與機率，可得到下列圖表。

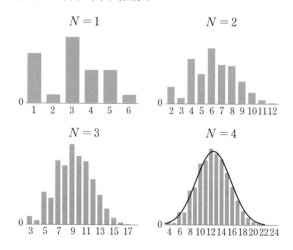

　　由此可知，就算骰子有問題，在丟 *N* 次之後，點數總和的機率分布同樣接近常態分布，而這就是所謂的中央極限定理。

> **定理 109.　中央極限定理（以骰子為例）**
>
> 不管骰子是否有問題，丟出 *N* 次之後，點數總和的機率分配是，只要 *N* 增加，就會接近常態分布。

　　中央極限定理主張，不管是多麼隨機的現象，只要不斷發生，最終都會趨近常態分布。

　　大數法則與中央極限定理在統計學（第29項）是非常實用的定理。

## 20.4.　布朗運動

　　接著要說明在機率論中，許多人研究的具體現象。

　　首先要說明的是布朗運動。英國植物學者布朗發現花粉這類微粒子會在水中出現不規則的運動。

　　之後，愛因斯坦透過理論證明這類不規則的運動是因為這些微粒子與熱運動的水粒子產生衝突所致，這也成為證明水分子存在的決定性證據，今時今日，這種運動就稱為布朗運動。

　　接下來要透過數學說明布朗運動。為此，得先說明隨機漫步這個統計模型。為了方便說明，在此以一維的運動為例。

假設數線上的 $P$ 點遵守下列的規則運動：

● 在時間 0 的時候，位於原點

● 每 1 秒有 $\frac{1}{2}$ 的機率前進 $+1$，或

是有 $\frac{1}{2}$ 的機率前進 $-1$。

下圖是 100 秒後的隨機漫步示例（橫軸為秒數，縱軸為座標）。

為了解布朗運動，讓我們一起思考下列這種扭曲的隨機漫步（$N$ 為自然數）。

● 每 1 秒移動一次 → 每 $\frac{1}{N}$ 秒移動一次

● 移動幅度 $\pm 1$ → 移動幅度 $\pm \frac{1}{\sqrt{N}}$

讓我們一起了解在這種隨機漫步之下，1 秒後的（移動 $N$ 次為止）情況。下列是 $N=100$ 與 $N=1000$ 的示意圖（$N=1000$ 的情況會介紹三個例子）。

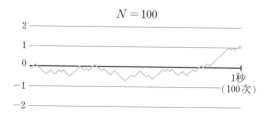

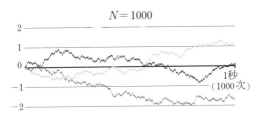

重點在於將移動次數設定為 $\frac{1}{N}$ 秒之後，也將移動幅度變更為 $\frac{1}{\sqrt{N}}$。如果移動幅度依舊是 1，那麼 $N$ 越大，可移動的範圍就越大，所以將移動幅度設定為 $\frac{1}{\sqrt{N}}$，標準差就會是 1，也能恆定地增加移動次數。

將 $N$ 視為 $\infty$，思考極限的情況就是所謂的布朗運動（維納過程）。與隨機漫步這種在零散時間內移動的情況不同，布朗運動是在每個瞬間都隨機移動的現象，所以布朗運動的曲線（機率為 1）雖然是連續的卻無法微分，這在分析學的世界算是非常特異的性質。

包含布朗運動這種隨機項的微分方程式稱為隨機微分方程式。由於布朗運動具有特殊性質，所以隨機微分方程式無法以一般的微積分處理。因此，伊藤清（1915－2008）針對布朗運動導入了新的積分方式，也就是隨機積分，讓隨機微分方程式成為數學公式，再研究相關的解法。由伊藤提出的這套理論稱為隨機分析，也對現代的機率論造成深遠的影響。這套理論常應用於研究股價的數理金融學以及其他領域。

## 20.5. 滲流理論

接著要介紹另一個與具體現象有關的滲流理論。所謂的滲流就是水浸透沙子間隙的現象，而滲流理論就是以數學模型思考這種現象的理論。讓我們透過格子上的點、由這些點連成的路徑以及這些路徑的開關來探討這個理論。

首先以一維的例子說明。假設有條數線，整數的座標點為格點，相鄰的格點由「通道」連接，而這些通道彼此獨立，會以機率 $p$ 開啟，以及以機率 $1-p$ 關閉。此時從原點出發，經過這些道路前往任何位置的機率 $\theta_p$ 會是多少呢？

●例 110.

如下圖，通道的開關固定時，能夠從原點走到座標 $-2$ 的位置，但沒辦法走到更遠的位置。

假設 $p=1$，所有道路都開啟，因此不管是往左還是往右走，都可以去到無限遠，但是當 $p<1$，情況就會如下。

● 能夠走到座標 1 的機率為 1 條通道開啟的機率，也就是 $p$

● 能夠走到座標 2 的機率為 2 條通道都開啟的機率，也就是 $p^2$

● 能夠走到座標 $N$ 的機率為 $N$ 條通道都開啟的機率，也就是 $p^N$

上述的機率會收斂於 0，因此無法往正方向走到無限遠的位

置（往負方向也一樣）。

那麼二維的例子又如何呢？假設有
個座標平面，$x$、$y$ 座標都是整數，每個
座標點都是格點，而這些格點與上下左
右相鄰的格點之間都有連接的通道，所
有通道都彼此獨立，開啟的機率為 $p$，

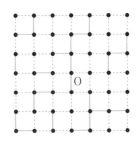

關閉的機率為 $1-p$。此時從原點出發，前往任何位置的機率 $\theta_p$
會是多少呢？

在一維的例子裡，能去到無限遠的選項只有 $+\infty$ 與 $-\infty$
兩種，但是到了二維，可能性增加，問題也就變得難解起來。
這個問題的結論就是如下的證明。

---

> **定理111.　滲流理論的臨界點**
>
> - $p < \dfrac{1}{2}$ 的時候，$\theta_p$ 為 **0**。
>
>   （通道通到無限遠的機率為 0）
>
> - $p > \dfrac{1}{2}$ 的時候，$\theta_p > 0$。
>
>   （通道通到無限遠的機率為正）

---

沒想到情況會以 $p = \dfrac{1}{2}$ 這個臨界點而大幅轉變。

這個滲透理論的模型也可應用於新冠病毒這類傳染病的情
況。如下圖所述，每個格點都是人，每個人都會與身邊的 4 個
人接觸，而通道的開關就代表每個人是否會感染，並將傳染給
接觸者的機率設定為 $p$。

這個定理主張：

傳染的機率為 $p$

- $p<\dfrac{1}{2}$ 的 時 候，「$\theta_p=0$」，也 就 是說，不會感染很遠的人，感染範圍會收斂。

- 當 $p>\dfrac{1}{2}$ 的時候，「$\theta_p>0$」，代表有可能會感染很遠的人，有可能會出現大規模感染。

因此，要阻止感染就要讓 $p<\dfrac{1}{2}$，也就是讓每 4 人不到 2 人被感染。

這當然是簡化過的模型，現實世界是更加複雜的，所以之後可思考條件更加複雜的滲透模型，藉此解決更實際的問題。

## Essential Points on the Map

☑ **傅立葉分析**⋯研究以三角函數的無窮和代表週期函數的傅立葉級數，或是
讓上述的處理擴張至一般函數的傅立葉轉換。

→ 將函數拆解為各種週波數的操作。

☑ **黎曼積分**⋯以直長條逼近函數的積分（在高中數學學到的積分）。

☑ **勒貝格積分**⋯以各種高度的階梯逼近函數的積分

→ 適合進行無限的操作。

→ 以一般化面積的測度定義。

☑ **機率論**⋯以嚴謹的公式描述機率，研究機率性質的領域。

→ 機率被定義為特別的測度。

→ 已應用於布朗運動及滲流理論這類具體的理論中。

# 泛函分析學
### Functional Analysis

泛函分析學就是函數生成空間的領域，也可比喻成「無限維度的線性代數」。

## 21.1. 函數也是向量

請大家回想一下向量空間（ 1.5 ）的內容。比方說向量 $\begin{pmatrix} 4 \\ -3 \\ 5 \end{pmatrix}$ 是在第 1 成分指派 4、第 2 成分指派 $-3$，第 3 成分指派 5 的向量，而這個向量可看成輸入自然數 1、2、3 就輸出 4、$-3$、5 的函數。同理可證，$n$ 維向量 $\begin{pmatrix} x_1 \\ x_2 \\ \vdots \\ x_n \end{pmatrix}$ 則是在第 1 成分指定 $x_1$，第 2 成分指定 $x_2$，第 $n$ 成分指定 $x_n$ 的向量，也可以看成輸入自然數 1、2、$\cdots$、$n$ 就輸出 $x_1$、$x_2$、$\cdots$、$x_n$ 的函數。

同樣的，維度可以不只 $n$ 個，可以是可數無限個（ 24.1 ），所以也可以思考第 1 成分為 $x_1$、第 2 成分為 $x_2$，直到可數無限個的「向量」$\begin{pmatrix} x_1 \\ x_2 \\ \vdots \end{pmatrix}$，這種看起來像向量的東西也可以看成輸入自然數 1、2、3、$\cdots$就會輸出某種數的函數。

此外還可以探討「第 $\frac{1}{2}$ 成分為 3」或「第 $\sqrt{2}$ 成分為 2」這種非可數無限個（實數的個數）的數排列而成的「向量（類似向量的格式）」，而這是輸入實數就輸出某種數的東西。我們熟

悉的「函數」就是這種概念對吧？是的，函數也能以向量的方式操作。

◉例 112.

例如函數 $f(x) = 2x + 1$ 可視為第 1 成分為 $f(1) = 3$，第 $\sqrt{2}$ 成分為 $f(\sqrt{2}) = 2\sqrt{2} + 1$，第 $-1/10$ 成分為 $f\left(-\dfrac{1}{10}\right) = \dfrac{4}{5}$ 的向量。

## 21.2.　函數生成的向量空間

　　對於輸入實數就輸出實數的函數 $f$、$g$ 可定義函數的加法 $f+g$，也就是說，對新函數 $f+g$ 輸入 $x$，就會輸出 $f$ 的輸出值 $f(x)$ 與 $g$ 的輸出值 $g(x)$ 的總和 $f(x)+g(x)$。

　　同樣的，可對函數 $f$ 與實數 $k$ 定義函數的實數倍 $kf$。這意思是，在新函數 $kf$ 輸入 $x$，就會輸出 $k \cdot f(x)$ 這個 $f$ 的輸出值 $f(x)$ 乘上 $k$ 倍的結果。

◉例 113.

函數 $f(x) = 2x + 1$ 與 $g(x) = x^2$ 的總和 $f+g$ 與 $f$ 的 2 倍 $2f$ 為：

$$(f+g)(x) = 2x + 1 + x^2 = x^2 + 2x + 1, \quad (2f)(x) = 4x + 2$$

　　我們可以像這樣思考兩個函數的加法與實數倍，而這種輸入實數就輸出實數的函數集合就是向量空間。這種向量空間可

寫成 $\mathcal{F}(\mathbb{R})$。

　　研究這種「以函數為元素的向量空間」（以下簡稱為函數空間）的領域稱為泛函分析學。話說回來，$\mathcal{F}(\mathbb{R})$ 是再普通不過的集合，所以實務上會思考特徵略有不同的函數集合，例如「連續函數的集合」或是「微分函數的集合」。在此將後續登場的集合定為 $C(\mathbb{R}) = \{ f \mid f$ 為輸入實數就輸出實數的連續函數 $\}$

## 21.3.　$L^2$ 空間

　　在此要介紹 $L^2$ 空間這個特別重要的函數空間。假設函數的定義域為 $[0, 1]$ 的實數值。$f$ 為可測函數[※1]，

$$\int_0^1 |f(x)|^2 dx$$

的值為有限的函數稱為平方可積函數，而平方可積函數的集合可寫成 $L^2[0, 1]$[※2]。

　　對於 $L^2[0, 1]$ 的函數 $f$，將 $L^2$ 範數指定為

$$\| f \|_2 = \sqrt{\int_0^1 |f(x)|^2 dx}$$

所謂的範數就是函數的「大小」。此外，可以思考函數 $L^2[0, 1]$ 的內積。意思是，將函數 $f$、$g$ 的內積 $\langle f, g \rangle$ 定義為：

$$\langle f, g \rangle = \int_0^1 f(x)g(x)dx$$

參考上述範數定義後，範數與內積的關係如下：

$$\| f \|_2 = \sqrt{\langle f, f \rangle}$$

---

[※1]　雖然無法介紹嚴謹的定義，但簡單來說，就是具有測度（ 19.2 ）的函數。換句話說，就是如 19.1 所介紹的，可透過「階梯」逼近的函數。（在高中與大學初期登場）大部分的函數都是可測函數（要建立不可測的函數很困難）。

[※2]　正確來說，不能看成「大部分值都相等的函數」，但這裡就暫不計較這個細節。

（ 13.3 也出現過類似的東西）。

◉例 114.

請大家回想一下向量的內積。比方說，向量 $\vec{a} = \begin{pmatrix} 4 \\ -3 \\ 5 \end{pmatrix}$ 與

$\vec{b} = \begin{pmatrix} 1 \\ -1 \\ 2 \end{pmatrix}$ 的內積 $\langle \vec{a}, \vec{b} \rangle$ [※3] 為

$$\langle \vec{a}, \vec{b} \rangle = 4 \cdot 1 + (-3)(-1) + 5 \cdot 2 = 17$$

也就是讓兩個向量的成分兩兩相乘再相加的結果。同理可證，函數的內積也是讓每個 $x$ 兩兩相乘（$f(x)g(x)$）再「相加」的結果。不過，我們考慮的是無窮個連續值，所以這裡的「相加」變成了「積分」。

　　而向量的大小 $|\vec{a}|$ 與本身內積的正平方根如下：

$$|\vec{a}| = \sqrt{\langle \vec{a}, \vec{a} \rangle} = 5\sqrt{2}$$

$\|f\|_2$ 也代表「函數 $f$ 的大小」，所以也模仿向量的方式，定義成下列式子：

$$\|f\|_2 = \sqrt{\langle f, f \rangle} = \sqrt{\int_0^1 |f(x)|^2 dx}$$

　　具有範數的函數空間可透過這個範數導入距離（ 定義 51 ），換言之，函數 $f$ 與函數 $g$ 之間的距離 $d(f, g)$ 可定義為：

$$d(f, g) = \|f - g\|_2$$

$L^2[0, 1]$ 為距離空間，也就是拓樸空間（ 定義 56 ）。這種具有內積（以及其他性質）的空間又稱為希爾伯特空間，在泛函分析學是重要的函數空間之一。

　　當兩個向量的內積為 0，代表這兩個向量正交，同理，當兩個函數的內積為 0，就形容成這兩個函數彼此正交。

第
21
項

泛
函
分
析
學

---

※1 高中數學通常採用 $\vec{a} \cdot \vec{b}$ 的寫法。

●例 115.

- 與 $f(x) = 2x + 1$ 正交的一次函數有 $g(x) = 12x - 7$ 這種函數。實際計算之後，可得到下列結果：

$$\langle f, \, g \rangle = \int_0^1 f(x)g(x)dx = \int_0^1 (2x+1)(12x-7)dx = 0$$

要注意的是，這與「圖形正交」的概念不同。

- 彼此正交的函數的重點在於三角函數。對於兩個自然數 $k$、$l$，下列的式子成立：

$$\langle \sin(2k\pi x), \, \cos(2l\pi x) \rangle = \int_0^1 \sin(2k\pi x)\cos(2l\pi x)dx = 0$$

$\sin(2k\pi)$ 有與 $\cos(2l\pi x)$ 正交。此外，$k \neq l$ 的時候，同為 $\sin$ 的 $\sin(2k\pi x)$ 與 $\sin(2l\pi x)$ 正交，若 $k = l$ 則不會正交（自己不會與自己正交）。將 $\sin$ 換成 $\cos$ 也可以得到相同的結果。換言之，無限個函數

$$\sin(2\pi x) \, \cdot \, \sin(4\pi x) \, \cdot \, \sin(6\pi x) \, \cdot \, \cdots \, \cdot$$
$$\cos(2\pi x) \, \cdot \, \cos(4\pi x) \, \cdot \, \cos(6\pi x) \, \cdot \, \cdots$$

是彼此正交的函數集合。

在有限維度的向量空間中，只要依照維度的個數準備線性獨立向量，就能以這些向量的線性組合表現所有的向量（ 1.4 ）。此時的問題是，如果在無限維度的向量空間中準備無限個特定的向量，是否就能利用這些向量的無限個線性組合表現所有向量。目前已知，若使用剛剛的 $\sin(2k\pi x)$、$\cos(2l\pi x)$、$L^2[0,1]$ 的函數可透過下列式子表現[4]。

$$f(x) = \frac{a_0}{2} + a_1\cos(2\pi x) + a_2\cos(4\pi x) + a_3\cos(6\pi x) + \cdots$$
$$+ b_1\sin(2\pi x) + b_2\sin(4\pi x) + b_3\sin(6\pi x) + \cdots$$

---

※4　與第18項的註釋※1一樣，這不是嚴謹的等式。

這與傅立葉級數展開式（ 定義101 ）無異。將 $L^2[0,1]$ 函數視為傅立葉級數展開式，就是以 $1$、$\sin(2k\pi x)$、$\cos\left(2l\pi x\right)$ 的無限個線性組合（無窮和）的形式表現函數，說到底，不過就是無限維度線性代數的例子。

　　泛函分析學處理的就是這種無限維度的線性代數，但如果只是這樣就太過普通，因此會如前述導入拓樸概念，考慮函數數列的極限與收斂，還會處理具有拓樸概念的線性代數（納入連續性的線性代數）。如此一來，就能得到各種與函數空間有關的有趣性質。

## 21.4.　運算子

　　到目前為止，我們在不同地方探討了「空間」以及與空間連接的「映射」。泛函分析學的「空間」就是函數空間，也是向量空間，更是拓樸空間。因此我們要探討與這些空間相連的「映射」也就是連續的線性映射（ 定義6 、 定義60 ）。位於函數空間之間的這種映射被另外命名為運算子，有點像是透過「運算」將函數轉換成另一個函數。

| 函數空間 | 運算子 | 函數空間 |
|---|---|---|
| $L^2[0,1]$ | $\mathcal{F}$ | $L^2[0,1]$ |
| $C(\mathbb{R})$ | | $C(\mathbb{R})$ |
| ⋮ | | ⋮ |

　　接下來要透過與微分方程式解有關的泛函分析學應用範例說明運算子。例如在 16.3 的時候提過，簡諧運動的微分方程式有解：

$$-ky = my''$$

由於這個方程式可快速求出解,所以只要能求出解就別無他
求,但是微分方程式不會都這麼簡單,所以有時候只會證明微
分方程式有解,卻不會直接求出解。接下來要利用簡諧運動的
微分方程式說明這個證明解存在的方法。

當 $z=y''(t)$,簡諧運動的微分方程式會迴歸於下列的積分方
程式($m$、$k$、$A$ 如 **16.3** 所述,都是常數)。

$$z(t) + \frac{k}{m}\int_0^t (t-s)z(s)ds = -\frac{kA}{m}$$

因此,讓我們一起思考下列這個以積分方程式的部分內容定義
的運算子 $\mathcal{F}$:

$$\mathcal{F}[f](t) = \frac{k}{m}\int_0^t (t-s)f(s)ds$$

這就是對連續函數指定上述連續函數 $\mathcal{F}[f](t)$ 的運算子。透過
泛函分析學的手法研究這個積分運算子,就能證明簡諧運動微
分方程式的解存在。這裡思考的積分方程式屬於沃爾泰拉方程
式的一種,目前相關的研究正在進行中。

泛函分析學的世界就是像這樣探討函數空間或運算子的性
質,再應用於微分方程式或其他的分析學問題來調查結果。

## 21.5. 運算子環論

接著來了解從泛函分析學衍生的領域 [※5]。定義的 $C^*$ 環以及
特殊的馮諾伊曼環都是根據運算子形成的環( 定義8 )的性質所
定義,而研究這些環的是運算子環論。

---

※5　雖然不會進一步說明在此介紹的用語,但還是想請大家感受一下簡中的奧祕。

　　一般的 $C^*$ 環是乘法交換律不成立的非交換環。目前已知，其中的交換環 $C^*$ 環在本質上，與某種拓樸空間 $X$ 上的複數值連續函數所形成的函數環（函數空間）$C(X)$ 相同。因此，連一般的（不一定是交換環）$C^*$ 環都會想要視為類似「非交換空間」$X$ 的東西，希望與這個 $X$ 空間中的函數所形成的環在本質上是相同的。這種概念與科納（Connes，1947－）提出的非交換幾何學有關，也對量子力學造成了影響。

第
21
項

泛
函
分
析
學

# 動力系統
## Dynamical Systems

動力系統就是隨著時間經過，狀態會隨著某種規則變化的模型，而研究這種模型的領域就稱為動力系統理論。從名字就可以知道，這個理論應該與物理領域有關，但與所謂的「力學」一點關係也沒有[※1]。龐加萊（Poincaé，1854－1912）提出了三體問題（三個天體運動）之後，相關的研究促成了動力系統理論加速發展，而動力系統也成為觀察生物數增減這類現象的模型。

## 22.1. 動力系統的定義

首先介紹動力系統的定義。

> **定義 116.** 假設 $S$ 為複數集合[※2]，$f : S \to S$ 為函數。
> $(S, f)$ 的組稱為函數 $f$ 定義的 $S$ 上的離散動力系統。
> 給予初始值 $x_0$，再根據遞迴關係式 $x_{n+1} = f(x_n)$ 定出數列 $x_0$、$x_1$、$x_2$、…也就是定出
> $$x_1 = f(x_0)，\quad x_2 = f(f(x_0))，\quad x_3 = f(f(f(x_0)))，\cdots$$
> 的數列 $\{x_n\}$。這種數列（序列）稱為 $x_0$ 的軌道。

集合 $S$ 為狀態變化的舞台，函數 $f$ 為狀態變化的機制。一旦確定初始值 $x_0$（以後統一將 $n = 0$ 的時候視為初項），值就會依照 $x_1$、$x_2$、$x_3$……的順序變化。這套系統就稱為離散動力

---

※1　順帶一提，動力學的英文為dynamics，動力系統的英文為dynamical system。
※2　這裡探討的是 $S$ 為複數集合的複變動力系統。其他還有 $S$ 為流形（ **10.1** ）或測度（ **19.2** ）的空間（測度空間），所以動力系統也是與幾何學有關的領域。

系統。

　　由於 $f$ 不會在每次狀態改變時改變，所以考慮在固定機制下發生狀態變化的理論就是動力系統理論。也有觀察連續性時間變化的連續動力系統，但本書只打算介紹離散動力系統。

## 22.2. 朱利亞集合與碎形

　　接下來要探討 $S=\mathbb{C}$、$f(x)=x^2+c$（$c$ 為複數的常數）的動力系統，換言之，就是要思考以遞迴關係式 $x_{n+1}=f(x_n)$，亦即 $x_{n+1}=x_n^2+c$（$n \geq 0$）建立的數列 $\{x_n\}$。

**●例 117.**

在下列例子中，將所有 $c$ 設定為 $0$，然後探討遞迴關係式 $x_{n+1}=x_n^2$ 的情況。下列表格整理了在初項 $x_0$ 產生各種變化時的 $x_n$ 值。

| $x_0$ | 1 | 1.01 | 0.99 |
|---|---|---|---|
| $x_1$ | 1 | 1.0201 | 0.9801 |
| $x_2$ | 1 | 1.0406… | 0.9605… |
| $x_3$ | 1 | 1.0828… | 0.9227… |
| $x_4$ | 1 | 1.1725… | 0.8514… |
| $x_5$ | 1 | 1.3749… | 0.7249… |
| $x_6$ | 1 | 1.8904… | 0.5255… |

讓我們一起思考將 $x_0$ 設為正實數之後，會發生什麼結果。當 $x_0=1$，$x_n$ 永遠等於 $1$，但是當 $x_0$ 稍微大於 $1$，$x_n$ 就會不斷放大，最終變成無限大，反之，當 $x_0$ 稍微小於 $1$，$x_n$ 就會越來越小，最終收斂於 $0$，由此可知，$x_0=1$ 為分水嶺，$x_0$ 大於或小於 $1$ 的時候，情況都會大為改變。

接著來思考 $x_0$ 為各種複數時，$|x_n|$ 的值是否一樣無限放大 [※3]？
假設「$|x_n|$ 不會無限放大」的所有初始值 $x_0$ 的集合為 $K_0$，並
試著在複數平面〔$x_0 = a + bi$（$a$、$b$ 為實數）的 $ab$ 平面〕繪
製這個集合。如下圖所述，$k_0$ 為單位圓（包含圓周與內部）。

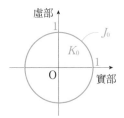

　在 $c$ 不等於 $0$ 的情況下將上例的 $K_0$ 一般化吧。在遞迴關係
式 $x_{n+1} = x_n^2 + c$ 之中，「$|x_n|$ 不會無限放大」的所有初始值 $x_0$ 的
集合若為 $K_c$，此時 $K_c$ 就稱為**填滿的朱利亞集合**，而這個集合的
邊界（ 9.5 ）$J_c$ 就稱為**朱利亞集合**。
　以剛剛的範例而言，$c=0$ 的朱利亞集合 $J_0$ 會是單位圓周。
下面試著描繪了 $c$ 為其他值的朱利亞集合 $J_c$。

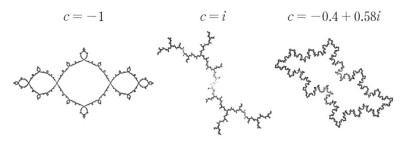

$$c = -1 \qquad\qquad c = i \qquad\qquad c = -0.4 + 0.58i$$

　（填滿的）朱利亞集合是關注數列的軌道 $x_0$、$x_1$、$x_2$、
$x_3$、…「是否會無限放大」的圖形，分類這種隨著初始值改變的

---

※3 複數 $z = a + bi$（$a$、$b$ 為實數）的絕對值為 $|z| = \sqrt{a^2 + b^2}$。這代表的是與原點的距離。因此「$|x_n|$ 無
　　限放大」意味著 $x_n$ 會離原點越來越遠，直到無限遠的位置。

軌道也是動力系統的研究主題之一。

　　此外，$J_c$ 也是被稱為碎形的圖形。所謂的碎形是指，就算局部放大也會持續出現相似形狀的圖形，也就是整體與局部相似的圖形。若以日常生活的東西比喻，寶塔花菜這種蔬菜就具有類似碎形的形狀。此外，右邊的圖形也是不斷從正三角形鏤空比例為 $\frac{1}{2}$ 的正三角形的碎形，而這種碎形也被稱為謝爾賓斯基三角形。

　　在日常生活中發現碎形這種圖形時，相關的研究也跟著啟動，美國數學家曼德博（Mandelbrot，1924－2010）率先提出了碎形幾何學，其與動力系統相關的研究也正在進行中。

## 22.3.　單峰映射與混沌理論

　　單峰映射是以 $0 < a \leq 4$ 時，以

$$f(x) = ax(1-x)\ (0 \leq x \leq 1)$$

定義的函數（右側為相關圖形）。將定義116 的 $S$ 定義為 $S = \{x \mid 0 \leq x \leq 1\}$，再思考將單峰映射視為 $f$ 的離散動力系統。接下來讓我們一起探討由遞迴關係式

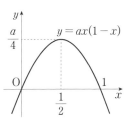

$$x_{n+1} = ax_n(1-x_n)$$

建立的數列 $\{x_n\}$ 的軌道。

　　這是代表生物個體數增減的模型。假設某種生物的第 $n$ 代個體數（相當於變數）為 $x_n$，第 $n$ 代與 $n+1$ 代的個體數的相

關性就是這個遞迴關係式。簡單來說，這個遞迴關係式的意思是「當個體數過度增加，糧食就會減少，個體數也會減少」。

下列將初始值 $x_0$ 的值固定（下面的圖都將 $x_0$ 設定為 0.3）。目前已知，$\{x_n\}$ 的軌道會因 $a$ 的值而大幅改變。

（ i ）$0 < a < 1$ 的時候

一邊等比例地減少，

一邊收斂於 0。

（ii）$1 \leq a \leq 2$ 的時候

一邊等比例地減少或增加，

一邊收斂於 $1 - \dfrac{1}{a}$。

（iii） $2 < a < 3$ 的時候

一邊進行阻尼振動，

一邊收斂於 $1 - \dfrac{1}{a}$。

（iv） $3 \leq a < 1 + \sqrt{6}$ 的時候

大概在兩個值之間振動。

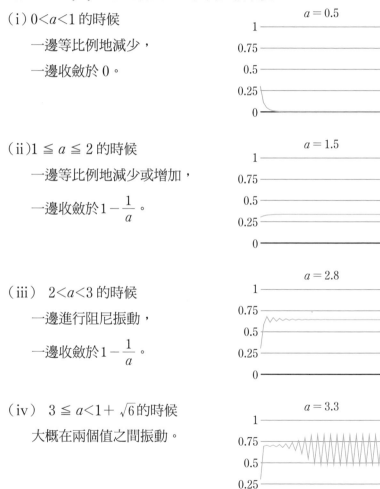

（ⅴ）$1+\sqrt{6} \leqq a \leqq 3.5699\cdots$的時候

前面四種情況都是在兩個值之間振動，但是當 $a_1$ 超過 $1+\sqrt{6}$ $=3.4494\cdots$，就會如右圖所示，在四個值之間振動。當 $a_2$ 超過

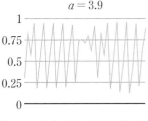

$a = 3.5$

3.5440$\cdots$，就會在八個值之間振動，如果繼續增加 $a$，就會在 16、32$\cdots$個值之間振動。假設這類個數的臨界點為 $a_k$，則可以得到下列式子：

$$\lim_{k \to \infty} a_k = 3.5699\cdots$$

（ⅵ）$3.5699\cdots < a \leqq 4$ 的時候

幾乎呈不規則振動。

$a = 3.9$

　　具有參數（在單峰映射的例子裡就是 $a$，在朱利亞集合的例子裡是 $c$）的動力系統主題之一就是根據參數值觀察動力系統的變化。

　　像 $3.5699\cdots < a \leqq 4$ 這種動力系統呈現異常不規則變化的現象又稱為混沌。只要初始值確定，就能利用遞迴關係式描述後續的變化，但是這類變化沒有週期性，很難完全掌握。

第
22
項

動
力
系
統

　　因此讓我們固定 $a$ 的值，同時只微調初始值 $x_0$。比方說，將 $a$ 設定為 3.9，再將 $x_0=0.3$（上面的圖形）與 $x_0=0.2999$ 的軌道重疊後，就可以得到右圖。當 $n$ 還是較小的數，值

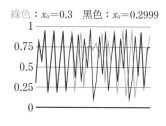

綠色：$x_0=0.3$　黑色：$x_0=0.2999$

幾乎不會改變，但是當 $n$ 超過一定大小，就會變成完全不同的軌道。

　　這種因為初始值的些微差距導致後續變化出現明顯差距的性質稱為初始值敏銳性，是混沌理論的一大特徵。在微調初始值之後，觀察軌道如何變化也是動力系統的重要主題之一。

　　大氣現象屬於複雜的流體力學之一，也是混沌理論觀察的現象之一，因此在預測天氣時，也會因為輸入的初始值（也就是某個時間點的大氣狀況）是否精準而得到完全不同的結果。美國氣象學者羅倫茲（Lorenz）曾以「一隻蝴蝶在巴西輕拍翅膀，有可能導致德克薩斯州的一場龍捲風」比喻這種現象（蝴蝶效應），因此就實務而言，長期的天氣預報會因為這種初始值敏銳性無法實現。

## Essential Points on the Map

☑ **泛函分析學**…將函數視為向量，並在這個空間（函數空間）利用拓樸學或
是極限探索該空間性質的領域。

　·「無限維度的線性代數」

　→ 傅立葉級數也是以基底的三角函數的無窮和，表現週期函數的線性代數
（ 第1項 ）的現象。

　·以運算子（主要是函數空間之間的連續線性映射）為主題。

　→ 也有運算子環論這類與物理學息息相關的領域。

☑ **動力系統**…研究狀態隨著時間變化的空間或是狀態變化的系統。

　→ 會出現自我相似的圖形（碎形）這種現象，也與碎形幾何學有關。

　→ 也會出現不規則的混沌現象，目前應用於天氣預報或是各種預測。

第 **4** 節

# 數學基礎論
Foundations of Mathematics

　　數學基礎論或應用數學是從代數學、幾何學、分析學這三個主流領域（這三個領域合稱純粹數學）獨立出來的理論，通常是在對這類理論感到興趣時，才會開始學習。

　　數學基礎論是以研究數學思考方式的數理邏輯學以及數學最基本用語的集合論為主要研究對象。其他還包含近年來越來越重要的範疇論，也就是描述對象與對象之間的新數學框架。

　　對於主修數學基礎論以外數學的學生而言，這些領域多半都只是為了能應用於自己的研究而學個皮毛而已，但是另一方面，也有許多學生主修這類理論，並進一步深入研究。

241

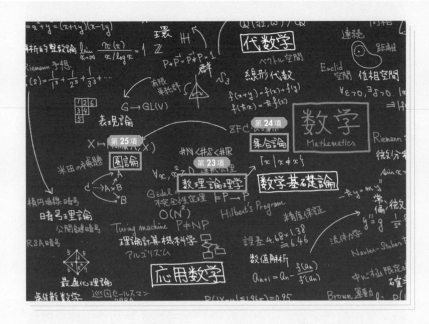

**Contents**

# 數理邏輯學
Mathematical Logic

顧名思義，邏輯學就是研究「邏輯」的學問。邏輯的意思是思考或推論的方式。廣義的邏輯學屬於哲學的範疇，自古以來，有許多哲學家都一直在研究邏輯。本書接下來要介紹的是從數學的角度研究邏輯的數理邏輯學。

## 23.1. 命題邏輯與謂詞邏輯

進入大學之後，會先學習數理邏輯學的命題邏輯與謂詞邏輯。這兩個領域屬於古典邏輯學[※1]的分支，是用來處理純粹數學的邏輯。

正確與否非常明確的數學主張稱為命題[※2]，正確的命題稱為真命題，錯誤的命題稱為假命題。比方說，下列兩個主張分別為真命題與假命題。

$$1+1=2 \cdot 12 \text{ 為 } 5 \text{ 的倍數}$$

這類命題會以「非 ¬」「且 ∧」「或 ∨」「條件→」這類邏輯運算子合併為新的命題。比方說

$$1+1=2 \text{ 且 } 12 \text{ 為 } 5 \text{ 的倍數}$$

就是假命題。此時會利用 $P$、$Q$、$R$ 形式化[※3]「$1+1=2$」或「$12$ 為 $5$ 的倍數」這類基本元素的命題，再利用邏輯運算子將

---

[※1] 非古典旅輯的邏輯包含後續介紹的直覺主義邏輯，以及研究必然性與可能性的模態邏輯，本節則以古典邏輯為主。

[※2] 若將不知道真偽的猜想（（例如黎曼猜想（ 猜想 30 ））或是無法判斷真假的主張（例如連續統假設 24.4 ）都視為命題的話，命題的定義其實相當複雜。

[※3] 也就是說，$P$、$Q$、$R$ 不會進一步探討具體的主張與內部的性質，這等於將 $P$、$Q$、$R$ 視為某種變數。

這些命題連接成下列這種邏輯式，並觀察這類邏輯式的正是命題邏輯。

$$P \wedge Q, \quad (P \to Q) \vee R$$

不過，命題邏輯不足以描述來自純粹數學的主張。因為除了命題，這些主張還含有變數 $x$。比方說，在下列這個主張

$$x + 1 = 2 ， x 為 5 的倍數$$

加入「對所有的 $x$（$\forall_x$）」或是「對於某個 $x$（$\exists_x$）」這類量詞。例如：

$$對於所有的實數 x， x + 1 = 2$$

是假命題。形式化包含變數的主張或命題，再透過邏輯運算子或量詞連接這些主張或命題，然後進行研究的是謂詞邏輯。由於策梅洛－弗蘭克爾集合論（**24.2**）都是利用謂詞邏輯記述，所以現代的數學可說是奠基於謂詞邏輯之上。

●例 118.

比方說，於集合論（**第24項**）介紹的配對公理（**24.2**）就是利用下列的謂詞邏輯敘述（$\leftrightarrow$ 是等價符號）：

$$\forall x \forall y \exists z \forall w \, (w \in z \leftrightarrow (w = x \vee w = y))$$

**23.2.** 語義論與語法論

命題邏輯或謂詞邏輯主要分成語義論與語法論這兩種討論方式。

語義論是考察命題真假的方法，語法論則是考察形式推論方式的方法。接著來利用這兩種方法探討下列命題。

「若 $P$ 則 $P$（$P \to P$）」（$P$ 為命題）

首先，若以語義論考察，就是根據 $P$ 的真假探討整體「$P \to P$」的真假如何變化，為此，讓我們回想一下邏輯運算子「若 $P$ 則 $Q$（$P \to Q$）」的真假。

$P$ 與 $Q$ 都是形式上的命題，都能指派真或假的狀態，而 $P$ 與 $Q$ 的真假狀態共可組成四種情況，右上方的表格[4] 整理了在上述情況下，命題 $P \to Q$ 的真假狀態。

| $P$ | $Q$ | $P \to P$ |
|---|---|---|
| 真 | 真 | 真 |
| 真 | 偽 | 偽 |
| 偽 | 真 | 真 |
| 偽 | 偽 | 真 |

| $P$ | $P \to P$ |
|---|---|
| 真 | 真 |
| 偽 | 真 |

這次探討的「$P \to P$」是將右上表的 $Q$ 換成 $P$，所以 $P$ 為真的情況為表格的第一層，$P$ 為假的時候為表格的第四層，則真假情況如右下表所示。由此可知，不論 $P$ 的真假為何，$P \to P$ 都為真。$P \to P$ 這種不管形式命題 $P$、$Q$ 的真假，結果永遠為真的主張稱為同義反覆（tautology）。$P \to P$ 為同義反覆是從語義論考察的結論。

接著要介紹語法論。語法論的出發點或是重點在於多個邏輯式的邏輯公理、決定推論的方法，以及從中得到的事項。

例如在希爾伯特演繹系統中有下列三種邏輯公理[5]。

① $A \to (B \to A)$

② $(A \to (B \to C)) \to ((A \to B) \to (A \to C))$

③ $(\neg A \to \neg B) \to (B \to A)$

推論規則則只有一個

　　　　以 $P$ 與「$P \to Q$」為前提，導出 $Q$

---

[4] 「若 $P$ 則 $Q$」的意思是「當 $P$ 為真，$Q$ 也為真」。假設 $P$ 為真，但 $Q$ 為假，也就是表格第二層的情況，代表 $P \to Q$ 為假。此外，在第三層與第四層的情況裡，當 $P$ 為假，而 $Q$ 不管是真是假，$P \to Q$ 都為真。假設為假時，不論結論為何，命題都為真的這點，正是與我們的直覺違背之處。

[5] 這些都是同義反覆。乍看之下，這些邏輯公理很複雜，但多虧有這些邏輯公理，後續介紹的推論規則只有一個。

的肯定前件（以下簡稱為 $MP$）。於是 $P \to P$ 可透過下列流程「證明」：

（1）$P \to ((P \to P) \to P)$ （將 $P$ 代入①的 $A$、$P \to P$ 代入 $B$）

（2）$(P \to ((P \to P) \to P)) \to ((P \to (P \to P)) \to (P \to P))$
（將 $P$ 代入②的 $A$ 與 $C$、$P \to P$ 代入 $B$）

（3）$(P \to (P \to P)) \to (P \to P)$

〔關注波浪線相同，對（1）與（2）使用 $MP$〕

（4）$P \to (P \to P)$ 　　　　　　（將 $P$ 代入①的 $A$、$B$）

（5）$P \to P$

（關注雙重底線相同，對（3）、（4）使用 $MP$）

　　這些式子說明了如何根據邏輯公理與推論證明 $P \to P$ 為真。這些邏輯式稱為 $P \to P$ 的證明，此時的 $P \to P$ 則稱為可證。這就是從語法論考察的結論。

　　透過上述兩種方式探討了 $P \to P$。重點在於「真（語義論）」與「可證（語法論）」先天就是兩種不同的方式，不過，下列的完備性定理將兩者串連，主張兩者是相同的方式。

> **定理119.（命題邏輯的）完備性定理**
>
> 命題為同義反覆與命題為可證等價。

　　嚴格來說，若是同義反覆就可證稱為完備性，若可證代表是同義反覆則稱為健全性（可靠性）。

　　語法論有多個選擇邏輯公理與推論的方式（本書只介紹了其中一個），其完備性定理就代表了這種選擇方式的妥當性。

## 23.3.　希爾伯特計劃

現代數學中，集合論（ 第24項 ）是非常重要的數學基礎，但在集合論概念尚顯粗糙的二十世紀初期，還有許多矛盾之處，因此當時也是數學基礎面臨「危機」的時代。在這面臨危機的時候，「邏輯主義」「直覺主義」「形式主義」三種思想崛起了。

邏輯主義的羅素（Russell，1872－1970）與弗列格（Frege，1848－1925）主張，數學是邏輯學的一部分。弗列格整理了邏輯的框架，也希望從邏輯的原則導出數學的基礎事項，但後來出現了羅素悖論（ 24.2 ）這個重要問題。

直覺主義的布勞威爾（Brouwer，1881－1966）主張，數學的基礎在於直覺，也就是人類的精神。他最有名的主張就是不承認排中律（對於任何命題 $P$，「$P$是 $P$，或 $P$不是 $P$」永遠為真），因此有許多不自由的部分，也未能成為主流思想。

與布勞威爾爭辯的是形式主義的希爾伯特（Hillbert，1862－1943）。希爾伯特的立場是透過形式符號表現數學的證明，再以有限的形式化操作討論這些證明。希爾伯特計劃希望從這個立場證明數學的無矛盾性。不過，希爾伯特計劃因為哥德爾（Godel，1906－1978）於 1931 年發表的不完備定理而遭受嚴重打擊。

## 23.4.　哥德爾不完備定理

接下來說明哥德爾不完備定理。為此，要先說明「無矛盾」與「不完備」這兩個關鍵字。

　　在謂詞邏輯的體系中，被視為討論前提的邏輯式（公理）的集合稱為公理系統 [6]。無矛盾與不完備就是這種公理系統的用語。

◉例 120.

環的公理系統就是除了邏輯符號與 ＝ 這類基本符號之外，還以 ＋、－、＊、0、1 這類特殊符號撰寫的下列公理所組成的公理系統（關於環的說明請參考 第3項）：

- 對於任意的 $x$、$y$、$z$，$(x+y)+z=x+(y+z)$

（＋ 的結合律）

- 對於任意的 $x$、$y$、$z$，$(x*y)*z=x*(y*z)$

（＊的結合律）

- 對於任意的 $x$、$y$，$x+y=y+x$　　　　（＋ 的交換律）
- 對於任意的 $x$、$y$、$z$，$x*(y+z)=x*y+x*z$

（分配律）

- 對於任意的 $x$、$y$、$z$，$(x+y)*z=x*z+y*z$

（分配律）

- 對於任意的 $x$，$x+0=0+x=x$
- 對於任意的 $x$，$x*1=1*x=x$
- 對於任意的 $x$，若 $-x$ 存在，則

$$x+(-x)=(-x)+x=0$$

[6]　這與剛剛提到的邏輯公理不同。剛剛提到的邏輯公理里是為了整理邏輯體系而創立的公理，這裡說的公理則是在討論邏輯體系之中的某種理論的出發點。

這些公理的 ＋、－、＊或是 0、1 在此時不具任何意義〔「＝（等於）」是所有公理系統最基本的關係符號〕。

公理系統是以所有整數的集合 $\mathbb{Z}$ 為對象，而將 ＋ 視為一般的加法，將＊視為一般的乘法，將 0、1 視為一般的整數 0、1 之後，就成為上層的公理系統，也就是由所有整數組成的環 $\mathbb{Z}$。除此之外，還有在四元數（ 3.3 ）的集合將 ＋ 視為四元數的加法，將＊視為四元數的乘法，將 0、1 視為整數 0、1 之後，四元數的集合就成為上層的公理系統，也就是所有四元數組成的環。

　　由此可知，公理系統就是利用邏輯符號與新的特殊符號記述的抽象（不具實體的）主張。

> **定義 121.**　假設 $T$ 為公理系統。$T$ 的邏輯式 $\Phi$ 與否定這個邏輯式的 $\neg\Phi$ 可證時，$T$ 為矛盾。$T$ 不矛盾時，代表 $T$ 為無矛盾。

●例 122.

比方說，公理系統 $T$ 包含命題 $P$ 與否定該命題的 $\neg P$（非 $P$）時，該公理系統 $T$ 明顯矛盾。就算不是明顯地矛盾，只要將

$$P \cdot Q \cdot Q \to \neg P$$

視為公理系統，就能從 $Q$ 與 $Q \to \neg P$ 推論出 $\neg P$，所以會得出 $P$ 與 $\neg P$ 的證明，進而證實這個公理系統矛盾。

　　如上例所述，隨便設定公理系統就有可能產生矛盾。因此，希爾伯特考察的無矛盾性問題就是觀察以數學建立的公理系統，是否真為無矛盾的公理系統的問題。

**定義 123.**　假設 $T$ 為公理系統。對於任意的邏輯式 $\Phi$，$\Phi$ 或是否定的 $\neg\Phi$ 都可證時，$T$ 為完備。$T$ 中若有 $\Phi$ 或是否定的 $\neg\Phi$ 不為可證的邏輯式存在，此時的 $T$ 為不完備。

●例 124.

環的公理系統（例 120）在實體化之後，可得到兩種環，一種是積的交換法則成立的環，也就是由所有整數形成的環 $Z$，這個環 $Z$ 符合下列積的交換律

$$對所有的 x、y，x * y = y * x$$

成立，以及這個交換律不成立的環，也就是由所有四元數組成的環。這項事實由環的公理系統描述時，可利用「對於所有的 $x$，$x * y = y * x$ 成立」的邏輯式，以及否定這個邏輯式的邏輯式都為不可證這點說明。換言之，環的公理系統為不完備。

　　了解「無矛盾」與「不完備」這兩個用語的意義之後，應該就能體驗下列哥德爾不完備定理為何物：

⊙|**定理 125.　哥德爾第一條不完備定理**[7]

假設 $T$ 為包含皮亞諾算術公理的迴歸[8]公理系統，且具無矛盾性。此時 $T$ 為不完備。

第
23
項

數理邏輯學

---

※7　在此所說是由羅思塞爾所證明，比當初歌德爾證明的還要更一般性的東西（在歌德爾發表五年後）。
※8　本書中省略說明。

> 💡 **定理126.　哥德爾第二條不完備定理**
>
> 假設 $T$ 為包含皮亞諾算術公理的迴歸公理系統，且具無矛盾性，此時 $T$ 沒有證明 $T$ 為無矛盾的命題的證明。

　　第一條不完備定理的「不完備」聽起來有點強硬，有些人可能會因此覺得「數學（這門學問）不完備嗎？」但是從剛剛的 ●例124 就可以知道，許多公理系統都不完備，所以不完備定理充其量是在說「滿足一定性質的形式公理系統不完備」而已。建議大家不要太過在意不完備這個字眼，根據定義了解這個定理比較重要。

　　在這個定理中，尤其重要的部分是假定包含皮亞諾算術公理這點。所謂皮亞諾算術公理就是具有加法、乘法、等號相關規則、數學歸納法這類自然數基本性質的公理系統。

　　那麼第一條不完備定理是如何得到證明的呢？

　　電腦會對漢字、英文字母以及所有字元指派數字，而且也是透過這些數字進行處理。同樣的，要撰寫邏輯式就要使用各種符號，假設將「包含所有的 ∀」設定為「1」，「或者的 ∨」設定為「2」，「括號（」是「3」，「括號）」設定為「4」，「變數 $x$」設定為 5，分別指定不同的自然數，如此一來，就能利用這些數字對 $x \lor x$ 這種公式指派某個自然數。此外，連同有限個公式連成的「公式的公式」（例如證明）都可以指派某個自然數。對不同的公式指定不同的自然數當然是重點，而指派給這些符號或公式的自然數又稱為哥德爾數。所有的邏輯式或證明都可以像這樣利用哥德爾數代換。

　　皮亞諾算術公理可處理與自然數有關的主張。由於邏輯式已透過哥德爾數置換成自然數，所以與邏輯式有關的主張都可當成與哥德爾數（自然數）有關的主張處理。如此一來，

「這個命題並非可證」

這種提及自己的主張也能進行討論（其實上述主張中「這個命題」的部分已轉換成哥德爾數）。在公理系統 $T$ 之中，這種主張變成「無法證明與反證的主張」，所以能證明 $T$ 不完備。

　　不完備定理充其量只是在說某種特定形式的體系不完善而已，並不是在說數學的極限為何。數學也有許多不完備定理無法套用的體系。此外，第二條不完備定理充其量是在主張自己無法證明自己的無矛盾性，所以可透過比 $T$ 更高階的公理系統證明公理系統 $T$ 的無矛盾性。簡單來說，就是不要過度解釋這個定理。

　　哥德爾的不完備定理點出了希爾伯特計畫的極限，但這不代表數學走到了盡頭。正確來說，透過這個定理找到了兩個事實，一個是「無法證明是否具有無矛盾性」，一個是「公理的集合論還未發現任何矛盾」，而這兩個事實反而讓數學基礎論或是數學本身往前邁進。之後也將說明公理的集合論。

### 專欄 3　筆者的專業領域（3）：$p$ 進積分與 $p$ 進多重 zeta 值

　　從拓樸空間（**第9項**）來看，$p$ 進數的世界 $\mathbb{Q}_p$ 是完全「離散」的空間，所以無法模擬實數 $\mathbb{R}$、複數 $\mathbb{C}$ 世界之中那些美麗的積分理論（**第14項**、**第17項**）。因此利用某種方法讓過於細膩的拓樸空間變得粗糙一些，再於 $p$ 進數的世界思考類似複數解析論的是剛性幾何學（rigid geometry）。透過這種剛性幾何學突破 $p$ 進積分的難關再定義的是 $p$ 進積分之一的柯爾曼積分（Coleman 積分）。

　　讓我們將話題拉回多重 zeta 值吧。**專欄 1** 介紹的多重 zeta 值是以複數 $\mathbb{C}$ 世界的拓樸空間與極限思考無窮和的值，但其實可將這個值當成以 $p$ 進數世界的拓樸空間與極限定義的無窮和。嚴格來說，如果不做任何調整，這個無窮和不會收斂，所以對對數函數不斷進行柯爾曼積分，取得函數的極限之後，就能解決這個不會收斂的問題，也就能定義 $p$ 進多種 zeta 值。筆者的研究主題是針對多重 zeta 值的 $p$ 進類似物的 $p$ 進多重 zeta 值，證明以多重 zeta 值成立的各種關係式，所以也對柯爾曼積分這類 $p$ 進積分的理論很感興趣。

　　其實從國中開始，我就對質數與澤塔函數很感興趣，也覺得在數論特有的 $p$ 進世界使用幾何或積分這類道具很有魅力。

# 集合論
## Set Theory

　　集合論就是研究集合的領域。幾乎所有數學概念都是利用集合的用詞描述，所以集合論可說是數學的「基礎」。

　　話說回來，大學課程卻只介紹了學習代數學、幾何學與分析學所需的集合論。由於集合論的研究內容非常抽象艱澀，所以本書也只以代數學、幾何學與分析學相關的集合論為主題，還請大家見諒。

## 24.1. 基數與對角論證法

　　集合最常被討論的話題之一就是「大小」，而用來測量這個「大小」的單位之一為基數。在由有限個元素組成的集合（有限集合）中，基數只代表元數的個數，例如 $A=\{1, 2, 3, 4\}$ 就是由四個元素組成的集合，所以集合 $A$ 的基數為 4，寫成 $\#A=4$。

　　那麼由無限個元素組成的集合（無限集合）又該如何比較「大小」呢？比方說，所有自然數組成的集合 $\mathbb{N}$ 與所有整數組成的集合 $\mathbb{Z}$ 如何比較「大小」呢？抑或所有整數組成的集合 $\mathbb{Z}$ 與所有實數組成的集合 $\mathbb{R}$，誰比較「大」呢？

　　所有自然數都是整數，所以 $\mathbb{N} \subset \mathbb{Z}$ 這種包含關係成立，而自然數之外的 0 或 $-1$、$-2$、… 也都是整數，所以預測 $\mathbb{Z}$ 比較「大」是非常直覺的推測。「基數」的功能就是用來比較集合的大小。從結論來看，

$$\# \mathbb{N} = \# \mathbb{Z} < \# \mathbb{R}$$

換言之，從數學的角度來看，自然數與整數的基數相等，而實數的基數大於整數。那麼到底該如何看待這種透過基數比較的結果呢？

以下先介紹有限集合的例子。比方說，下列兩個集合哪個比較大呢？我們可如下進行比較。

$$A = \{1, 2, 3\} ，B = \{1, 2, 3, 4\}$$

假設有 3 個人分別以 $A$ 的元素 1、2、3 編號，而這些編完號的人準備分別走進以 $B$ 的元素 1、2、3、4 編號的房間。此時當然能讓編號 1 的人進入編號 1 的房間，編號 2 的人進入編號 2 的房間，編號 3 的人進入編號 3 的房間，所有以 $A$ 的元素編號的人都有自己的房間。而這種現象代表

$$\#A \leq \#B$$

由於 $A$ 的所有人進入了 $B$ 的房間，可得到「$A$ 的人數小於等於 $B$ 的房間數」這個結論，所以才會使用上述的符號標記。

此外，不管利用何種方法讓 $A$ 的人進入 $B$ 的房間，$B$ 的房間一定會多出來，因此我們也可以得到「$A$ 的人數少於 $B$ 的房間數」這個結論，而這個結論可如下表示：

$$\#A < \#B$$

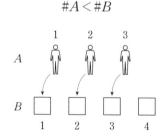

接著以相同的方法比較 $\#N$ 與 $\#Z$ 吧。假設

$$A = \mathbb{N} = \{1, 2, 3, \cdots\}$$

以 $A$ 所有元素編號的無限多人，以及

$$B = \mathbb{Z} = \{\cdots, -2, -1, 0, 1, 2, \cdots\}$$

利用 $B$ 所有元素編號的無限多房間，而且要讓 $A$ 的人分別進入 $B$ 的房間。讓編號 1 的人進入編號 1 的房間，編號 2 的人進入編號 2 的方間，編號 3 的人進入編號 3 的房間，以此類推，讓所有以 $A$ 元素編號的人都進入房間之後，會發現 $A$ 的所有人都能進入 $B$ 的房間，而這種情況可寫成如下：

$$\#\mathbb{N} \le \#\mathbb{Z}$$

此外，如果換個分配房間的方式，讓編號 1 的人進入編號 0 的房間，讓編號 2 的人進入編號 $-1$ 的房間，讓編號 3 的人進入編號 1 的房間，讓編號 4 的人進入編號 $-2$ 的房間，讓編號 5 的人進入編號 2 的房間，讓編號 6 的人進入編號 $-3$ 的房間，依照編號絕對值由小至大的順序指派，$B$ 的所有房間就都會有人進去。如果以這個方式分配房間，就能讓所有 $A$ 的人進入 $B$ 的房間，而且房間不會多出來，$A$ 的人與 $B$ 的房間為 1 對 1 的情況。這就是基數相等的情況，也可以寫成如下：

$$\#\mathbb{N} = \#\mathbb{Z}$$

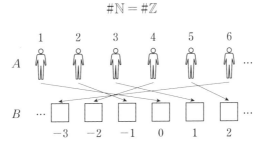

綜上所述，判斷集合基數大小的方法如下。

## ›› 判斷基數大小的方法

> 若以上述的設定為例
>
> ① 假設有方法讓所有 $A$ 的人進入 $B$ 的房間，則可斷定 $\#A \leq \#B$。
>
> ② 如果除了①的方法，還有方法填滿所有 $B$ 的房間，就可以斷定 $\#A = \#B$。
>
> ③ 如果除了①的方法，不管以任何方法分配房間，$B$ 的房間都會多出來時，可以斷定 $\#A < \#B$。

接著來比較 $\#\mathbb{N}$ 與 $\#\mathbb{R}$ 的基數。假設有以下列集合 $A$ 的元素進行編號的無限多人，

$$A = \mathbb{N} = \{1,\ 2,\ 3,\ \cdots\}$$

以及有以集合 $B$ 的元素進行編號的無限多間房間，

$$B = \mathbb{R} = \{x \mid x\ \text{的實數}\}$$

並且讓 $A$ 的人分別進入 $B$ 的每間房間。由於能讓編號 1 的人進入編號 1 的房間，讓編號 2 的人進入編號 2 的房間，編號 3 的人進入編號 3 的房間，所以能讓 $A$ 的所有人都有一間 $B$ 的房間。這種情況可寫成如下：

$$\#\mathbb{N} \leq \#\mathbb{R}$$

問題在於有沒有方法讓 $B$ 的所有房間都有人。這個問題的答案是 No。在證明這個答案的各種方法中，以康托爾（Cantor，1845－1918）透過對角論證法提出的證明最知名。

讓我們思考讓 $A$ 的人進入 $B$ 的房間的方法。在指派房間時，列出無人房間的編號 $c$，證明利用任何一種方法都無法填滿

$B$ 的房間吧。假設編號 1 的人進入的房間編號為實數 $m_1$。若以小數點標示，可得到下列結果

$$m_1 = a_1.b_{11}b_{12}b_{13}b_{14}\cdots$$

（$a_1$ 為整數部分，$b_{11}$、$b_{12}$、$b_{13}$、$b_{14}$、… 為 0～9 的某個數字，依序為小數點第 1 位、第 2 位、第 3 位、第 4 位、…）[1]。以此類推，讓我們將

- 將號編 2 的人進入的房間編號設定為 $m_2 = a_2.b_{21}b_{22}b_{23}b_{24}\cdots$
- 將編號 3 的人進入的房間編號設定為 $m_3 = a_3.b_{31}b_{32}b_{33}b_{34}\cdots$
- 將編號 4 的人進入的房間編號設定為 $m_4 = a_4.b_{41}b_{42}b_{43}b_{44}\cdots$

接著具體列出無人房間的編號 $c$。

- 首先將 $c$ 的整數部分設定為 0。
- 接著當 $m_1$ 的小數點第 1 位的 $b_{11}$ 為偶數就設定 $c_1=1$，如果是奇數就設定 $c_1=2$。如此一來，則 $b_{11} \neq c_1$。
- 接著，當 $m_2$ 的小數點第 2 位的 $b_{22}$ 為偶數就設定 $c_2=1$，如果是奇數就設定 $c_2=2$。如此一來，則 $b_{22} \neq c_2$。
- 接著，當 $m_3$ 的小數點第 3 位的 $b_{33}$ 為偶數就設定 $c_3=1$，如果是奇數就設定 $c_3=2$。如此一來，則 $b_{33} \neq c_3$。
- 接著，當 $m_4$ 的小數點第 4 位的 $b_{44}$ 為偶數就設定 $c_4=1$，如果是奇數就設定 $c_4=2$。如此一來，則 $b_{44} \neq c_4$。

重覆上述過程可得到實數 $c=0.c_1c_2c_3\cdots$。不過，這個數與有人的 $B$ 的房間編號 $m_1$、$m_2$、$m_3$、…都不相同，因為，

- $c$ 與 $m_1$ 的小數點第 1 位分別為 $c_1$ 與 $b_{11}$，所以 $c \neq m_1$。
- $c$ 與 $m_2$ 的小數點第 2 位分別為 $c_2$ 與 $b_{22}$，所以 $c \neq m_2$。

---

[1]　比方說，2.5＝2.4999……這種有限小數會有多個小數。此時為了只以一種方式標示小數，一定會只寫成等號左邊的2.5。此外對於$m_1 = -2.5$這種$a_1 = -2$，$b_{11} = 5$的負數也是以相同的方式處理。

- $c$ 與 $m_3$ 的小數點第 3 位分別為 $c_3$ 與 $b_{33}$，所以 $c \neq m_3$。

換言之，c 是無人房間的編號。

$$m_1 = a_1 . b_{11}\, b_{12}\, b_{13}\, b_{14} \cdots$$
$$m_2 = a_2 . b_{21}\, b_{22}\, b_{23}\, b_{24} \cdots$$
$$m_3 = a_3 . b_{31}\, b_{32}\, b_{33}\, b_{34} \cdots$$
$$m_4 = a_4 . b_{41}\, b_{42}\, b_{43}\, b_{44} \cdots$$
$$\vdots \qquad \vdots \quad \text{不同}$$
$$c \ = \ 0.c_1\ c_2\ c_3\ c_4 \cdots$$

因此，不管如何指派房間，$B$ 的房間都會多出來，讓 $A$ 的人無法填滿，這種情況可寫成如下：

$$\#\mathbb{N} < \#\mathbb{R}$$

因此可以得到「實數比自然數多更多」的結論。

根據上述結論可得到下列結果：

$$\#\mathbb{N} = \#\mathbb{Z} = \#\mathbb{Q} < \#\mathbb{R}$$

所有有理數組成的集合 $\mathbb{Q}$ 與所有整數組成的集合 $Z$ 的基數相同，同樣可證明 $\#\mathbb{N} = \#\mathbb{Z}$。

就算是無限集合，與 $\mathbb{N}$ 的基數相同的集合稱為可數集 [※2]，基數大於可數集的集合稱為不可數集。就算都是無限集合，可數與不可數的差異在數學各場景中都是相同重要的性質。

## 24.2. ZF 公理系統

話說回來，到底什麼是集合？一般來說，高中教的集合是指「一堆東西的集合體」。在高中數學不會學到太過複雜的集合，所以知道集合就是一堆東西的集合體就夠了，但如果把所

---

※2 可以如1、2、3、⋯這樣「計數」的意思。

有集合都解釋成「一堆東西的集合體」，就會產生矛盾。也就是說，將 $P(x)$ 視為與 $x$ 有關的性質時，承認

$$\{x \mid P(x)\}（符合 P(x) 的 x 的集合）$$

一定存在（內涵公理），就會產生矛盾，這就是羅素悖論。

>> 羅素悖論

---

假設集合 $A = \{x \mid x \notin x\}$[※3]。

- $A \notin A$ 一旦成立，$x = A$ 將滿足 $x \notin x$，所以 $A \in A$。
- 一旦 $A \in A$ 成立，$x = A$ 將滿足 $x \notin x$，所以 $A \notin A$。

上述兩種情況都矛盾，因此 $A$ 不是集合。

---

　　羅索悖論顯示的是，不能在 $\{x \mid P(x)\}$ 的 $P(x)$ 隨便指定性質，承認內涵公理是錯誤的。現代數學則採用下列的分類公理：

> **分類公理**
>
> **將 $P(x)$ 視為性質，將 $S$ 視為集合，則 $\{x \mid x \in S$ 且 $P(x)\}$ 為集合。**

　　針對性質不定的 $P(x)$ 探討 $\{x \mid P(x)\}$ 雖然不是好辦法，但探討符合 $P(x)$ 的集合 $S$ 元素卻沒有問題，而這就是分類公理。

　　像這樣奠基於公理的集合論稱為公理化集合論。現代主要使用的是策梅洛（Zermelo，1871－1953）與弗蘭克爾

---

※3　或許大家會覺得 $x \notin x$，也就是「$x$ 未將自己當成元素」這不是理所當然的嗎？思考這個問題豈不是很沒有意義嗎？但是公理化集合論的世界將所有考察的對象視為集合，思考 $\in$ 的關係。一如在群的定義（定義 7）提到了所有滿足「＊」這個運算方式的性質（例如結合律），公理化集合將所有滿足「$\in$」這個符號的性質視為公理。所有的對象＝集合 $a$、$b$ 都滿足「$a \in b$」這個式子。除了會探討集合，也探討所有集合的元素都是集合（因為對象全是集合）。

（Fraenkel，1891－1965）提出的 ZF 公理系統。嚴格來說，這是利用謂詞邏輯（ 23.1 ）撰寫的公理，但持平而論，除了分類公理（的上位相容的替代公理），還有下列這類公理：

● 外延公理：兩個集合若擁有完全相同的元素則相等。

● 配對公理：對於任意的 $x$、$y$，只存在有 $x$ 與 $y$ 這兩個元素的集合。

## 24.3. 選擇公理

在集合論（或說是數學）的歷史中，還有一個不屬於 ZF 公理系統，而且爭議極大的公理，那就是選擇公理。

> **選擇公理**
>
> 假設有一個無限集合 $I$，同時對 $I$ 的每個元素 $k$ 指派了非空集合 $A_k$。此時可從每個 $A_k$ 取出一個元素，組成新的集合 $A$。

接著說明選擇公理的意義。為了方便說明，先以 $I$ 為有限集合 $I=\{1, 2, 3, \cdots, 10\}$ 來探討。假設有利用屬於 $I$ 的 10 個數字命名的袋子（集合）$A_1$、$A_2$、$A_3$、$\cdots$、$A_{10}$。這些袋子放有 1 個或 1 個以上的球（元素）。從這些袋子分別取出 1 顆球，再利用這 10 顆球組成新的集合 $A$。由於袋子的個數有限，所以只要重覆從袋子拿出球的步驟 10 次，就能組成集合 $A$。

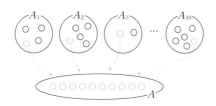

選擇公理討論的是袋子有無限個的情況。也就是說，選擇公理討論的是當以無限集合 $I$ 的元素命名的袋子 $A_k$（$k \in I$）有無限個，每個 $A_k$ 都放了 1 個或 1 個以上的球時，是否有從這些袋子分別取出 1 顆球，再集中這些球的方法。選擇公理便主張有這個方法。

假設袋子的數量有限，只須要重覆執行從袋子拿出球的操作，最終一定能利用這些球組成新的集合；但是當袋子的數量為無限，有可能從袋子拿出球的操作會一直延續下去，無休無止，這也是討論與無限有關的問題時必須特別注意的部分。

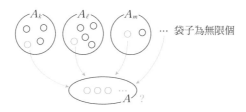

… 袋子為無限個

從直覺來想，選擇公理的主張是正確的，之前有好長一段時間也都被視為是理所當然成立的，說得更正確一點，之前根本沒人討論過這個問題。不過，從某個時間點開始，有人開始懷疑這個主張是否成立。一旦承認選擇公理，下列這個難以單憑直覺相信的定理就會成立。

第 24 項

集合論

> **🔎 | 定理 127.　巴拿赫-塔斯基定理**
>
> 　一旦承認選擇公理，下列主張就是正確的：
>
> 「將一顆球切割成有限個，然後再旋轉、平行移動與組裝，
>
> 　就能組成兩顆一樣大小的球」。

　　體積變成 2 倍，這簡直就像用了哆啦 $A$ 夢的「增殖藥水」才會發生的事。其實在選擇公理的世界裡，這是正確的數學定理，但是切割的方式不像切割黏土那麼簡單，而是特殊的切割法。過程中，會將球體切割成無法測量體積的複雜形狀。在無法維持體積之下，最終體積就會變成 2 倍。

　　選擇公理是否能透過 ZF 公理系統證明這點，在 20 世紀是一大問題，但是到了 1963 年之後，便有人主張無法透過 ZF 公理系統判斷選擇公理的真假，這代表，選擇公理從 ZF 公理系統獨立。在純粹數學的世界裡，承認選擇公理之後，也有非常重要的定理成立，所以現代通常以包含選擇公理的 ZF 公理系統（**ZFC** 公理系統）討論數學問題。

## 24.4.　連續統假設

　　最後要介紹一個令人玩味的問題，而且這個問題與基數、ZFC 公理系統有關。前面提到了 $\#\mathbb{N} < \#\mathbb{R}$。那麼，有沒有基數「大於」$\#\mathbb{N}$，「小於」$\#\mathbb{R}$ 的集合呢？也就是

$$\#\mathbb{N} < \#S < \#\mathbb{R}$$

這種集合 $S$ 是否存在呢？康托爾認為「這種集合 $S$ 不存在」，而這種猜想稱為連續統假設。1940 年，哥德爾（Godel，1906-1978）證明了 ZFC 公理系統無法否定連續統假設，1963 年，寇恩（Cohen, 1934－2007）也證明了 ZFC 公理系統無法證明連續統假設。換言之，連續統假設自外於 ZFC 公理系統，屬於「無法證明也無法反證的主張」。

## Essential Points on the Map

☑ **數理邏輯學**…考察數學的「邏輯」的領域。

→ 例如命題邏輯、謂詞邏輯。

有語義論與語法論兩種討論方式。

完備性（＋健全性）定理（ 💡 定理119 ）主張這兩種討論方式相同

☑ **集合論**…考察集合的領域。

→ 現代數學奠基於 ZFC 公理系統這種集合論的公理系統之上，而 ZFC 公理系統是利用謂詞邏輯敘述邏輯式。

· 1900 年代初期，與數學基礎有關的邏輯主義、直覺主義與形式主義這三種概念興起。

· 有鑑於邏輯主義的矛盾，希爾伯特一邊反對直覺主義，一邊提倡形式主義。

· 1931 年得證的哥德爾不完備定理讓形式主義遭受到打擊。

# 範疇論
## Category Theory

　　範疇論被稱為範疇，是討論以大量的「對象」（物件）以及連接這些東西的「態射」（箭頭）組成的世界的領域。本書雖然不會介紹太過瑣碎的定義，不過為了讓大家感受範疇論為何物，試著透過一些具體的例子來思考吧。

## 25.1. 範疇的兩個具體範例

　　例如，每個自然數都是「對象」（物件），那麼當自然 $a$ 為自然 $b$ 的因數，可如下設定 $a$ 到 $b$ 只有一個「態射」（箭頭）。

$$a \rightarrow b$$

比方說，4 為 8 的因數，則可寫成

$$4 \rightarrow 8$$

可透過下列方式表現這個範疇[1]。之後都將這個圖稱為圖表。

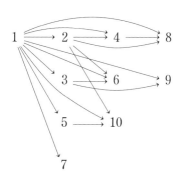

---

※1　只畫出較小的自然數。其實也有 1→1 這種自身對自身的態射，但在這個圖示中予以省略。

　　那麼在這個範疇中，自然數 $a$、$b$ 的「最大公因數」$g$ 該如何表現呢？$a$ 與 $b$ 的最大公因數 $g$ 就是在 $a$ 與 $b$ 的共同因數（公因數）中最大的因數。比方說，12 與 8 的最大公因數為 4。照理說這就是最大公因數的定義，但是我們要以另一種方式定義最大公因數。

　　第一步，$a$ 與 $b$ 的最大公因數 $g$ 是 $a$ 與 $b$ 的因數，這點可寫成 $g \to a$ 的態射與 $g \to b$ 的態射。若畫成圖表，則如下：

不過，這個圖表只描述了「$g$ 為 $a$ 與 $b$ 的公因數」，那麼到底該如何描述 $g$ 為「最大」公因數這件事呢？

　　請大家回想一下，公因數就是所有最大公因數的因數這件事。比方說，12 與 8 的公因數為 1、2、4，而這三個數字都是最大公因數 4 的因數，換言之，12 與 8 的最大公因數符合「$h$ 若為 12 與 8 的共同因數，$h$ 必定是 4 的因數」這個性質。

　　上述這段話經過整理之後就是，$a$ 與 $b$ 的最大公因數 $g$ 就符合「$h$ 若為 $a$ 與 $b$ 的共同因數，$h$ 必定是 $g$ 的因數」這項性質，這也是公因數 $g$ 的特徵，因此可畫成下列圖示[2]：

---

[2]　請大家回想一下，$g$ 本來就是 $a$ 與 $b$ 的因數，所以在這個圖表中，才會寫成 $g \to a$ 與 $g \to b$。

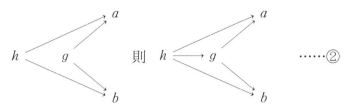

稍微整理一下，最大公因數可透過範疇論的表現方式如下定義。

定義 128.　在前述的範疇中，自然數 $a$ 與 $b$ 的最大公因數就是符合圖表①與②的 $g$。

接著來探究其他的範疇。假設由多個自然數組成的集合為「對象」（物件）。當有集合 $A$ 與 $B$，而 $B$ 包含 $A$（$A \subset B$），而且如下方式子所示：

$$A \rightarrow B$$

$A$ 到 $B$ 只有一個態射（箭頭）。比方說，集合 {1, 2, 3} 包含了集合 {1, 2}，所以可寫成下列的式子：

$$\{1,2\} \rightarrow \{1,2,3\}$$

若要表現這個範疇的部分內容，可得到下列的圖表[3]。

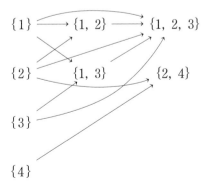

---

※3　與前面一樣，這個圖表也省略了{1}→{1}這種自己射向自己的態射。

　　那麼集合 $A$ 與 $B$ 的「共同部分」，也就是 $A \cap B$ 的部分就是由 $A$ 與 $B$ 都有的自然數組成的集合。比方說，$\{1, 2, 4\} \cap \{2, 4, 5\} = \{2, 4\}$。試著以範疇的用語表現上述的關係吧。

　　首先，$A \cap B$ 是被 $A$ 與 $B$ 包含的集合，這點可形容成有 $A \cap B \rightarrow A$ 這種態射與 $A \cap B \rightarrow B$ 這種態射。

　　若將上述這兩種關係整理成一個，可畫成下列的圖表：

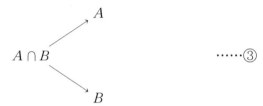

……③

　　這個圖表只說明了「$A \cap B$ 為 $A$、$B$ 的部分集合」。那麼該怎麼描述集合 $A \cap B$ 其實是屬於 $A$ 與 $B$ 的「所有」自然數呢？

　　共通部分的 $A \cap B$ 是 $A$ 與 $B$ 共通的最大集合，因此，當 $A$ 與 $B$ 共通擁有另一個集合 $H$，那麼這個集合 $H$ 必定屬於 $A \cap B$。換言之，可表示成：

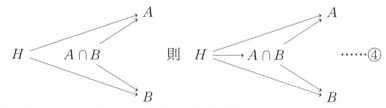

……④

經過整理之後，集合的部分可透過範疇論的用語如下定義。

　定義 129.　在上述範疇中，集合 $A$ 與 $B$ 的共同部分就是滿足圖表③與④的 $A \cap B$。

　　到目前為止，我們透過範疇的態射與兩個範疇說明了某種概念，而且這兩種說明方式非常類似。接下來要稍微進階一點，介紹「積」這個範疇論的一般概念。

**定義** 130.　假設在某個範疇中，對象 $G$ 為對象 $A$、$B$ 的積，代表對象 $G$ 符合下列兩種性質。

● 如下圖所示，態射 $G \to A$、$G \to B$ 存在。

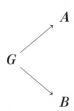

● 如下圖所示，與對象 $H$ 之間存在著態射時，

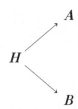

可將下列圖表轉換為交換圖表 [4] 的態射 $H \to G$ 只有 1 個 [5]。

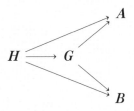

---

※4　本書不會說明交換圖表的定義（與運算的交換律不同）。就目前介紹的範疇而言，是否為交換圖表這點問題不大，但在「積」的嚴謹定義中，須要釐清是否為交換圖表。
※5　就目前介紹的範疇而言，這點也不算是問題，但在「積」的嚴謹定義中，須要釐清這點。

## 25.2. 何謂範疇論

前述的兩個範疇屬於稍微特殊的例子。最常見的範疇範例如下。

| 範疇的名稱 | 對象 | 態射 |
|---|---|---|
| Set | 所有集合 | 所有的映射 |
| Vec$_R$ | 所有實向量空間 | 所有的實線性映射 |
| Grp | 所有群 | 所有群的同態 |
| Top | 所有拓樸空間 | 所有連續映射 |

就是像這樣將具有集合、群、拓樸空間這類構造的集合視為主要對象，同時將具有這些構造的映射視為態射。一如剛剛的最大公因數與共同部分升華為範疇的「積」，讓各種範疇的共同概念在一般範疇框架中不斷抽象化正是範疇論的作用。

## 25.3. 集合論與範疇論的差異

在現代數學中，同時掌握集合論與範疇論的觀點非常重要。前面提過，集合論就是以「集合之中有哪些元素」的方式說明該集合的理論。比方說，$\{1, 2, 4\} \cap \{2, 4, 5\} = \{2, 4\}$ 的意思是兩個集合都有的 2 與 4 屬於 $\{1, 2, 4\}$ 與 $\{2, 4, 5\}$ 的共同部分。另一方面，範疇論則如 定義 130 所述，是以「與其他對象有何種關係」說明對象，不在意該對象有哪些的內容。

在範疇論中，對象 $A$ 充其量是個無法窺見「內容」的「物件」（就只是個「文字 $A$」），相對的「態射」（箭頭）如何從 $A$ 延伸這點，也就是與「外在」的關係性更是一切。

讓我們更嚴謹地說明吧。

假設有對象 $A$ 與 $B$，所有從 $A$ 到 $B$ 的態射 $A \to B$ 的集合為 $\mathrm{Hom}(A, B)$。這就是 $A$ 與 $B$ 的關係性的集合。

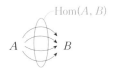

因此，讓我們固定對象 $A$。假設得到任意的對象 $X$，而且讓 $\mathrm{Hom}(A, X)$ 的函子

$$X \mapsto \mathrm{Hom}(A, X)$$

為 $h^A$。亦即 $h^A$ 為「$A$ 與所有其他對象 $X$ 的關係性」，而且思考讓 $h^A$ 對應 $A$ 的函子。換言之，就是讓「$A$ 與其他對象的關係性」對應 $A$ 的函子。此時可將 $A$ 視為 $h^A$。這種可從 $h^A$ 還原 $A$ 的主張稱為米田引理（嚴格來說，屬於米田引理這個派別的主張），也就是透過與其他對象的關係性替自己追加特徵的意思[6]。在學習範疇論的時候，米田引理算是一大里程碑，而這個米田引理也可說是範疇論的精髓。

$$A \longmapsto \boxed{h^A : X \mapsto \mathrm{Hom}(A, X)}$$

剛開始學始範疇論的時候，可能會覺得太過抽象，太過艱澀難懂，要對集合論的各種概念另外加上範疇論的特徵，的確不是一件容易的事。

---

[6] 讓我們利用日常生活的例子來比喻吧。假設你在高中畢業幾年後，偶然遇見從同一間高中畢業的人，而你打算向對方介紹自己。此時你當然可以跟對方說「你是哪一年出生的」「喜歡的食物是什麼」「有哪些興趣」這類與自己有關的資訊，但如果彼此是從同一間高中畢業，那麼「我跟◇◇是朋友」「我跟▽▽在高一的時候同班」「我被☆☆老師教過」這類資訊應該更容易讓對方了解你。這就是透過與其他對象的關係性賦予特徵的意思。

　　一如格羅滕迪克（Grothendieck，1928－2014）透過範疇論用語重新詮釋代數幾何學（ 第6項 ），範疇論已是改變數學認知的框架。要想了解現代數學，就無法忽視範疇論。

## Essential Points on the Map

☑ **範疇**⋯由「對象」（物件）與「態射」（箭頭）組成的世界。

　　　範疇論通常會以具有向量空間、拓樸空間這類構造的空間為「對象」，思考將這類構造的映射視為「態射」的範疇。讓各種範疇的共同概念抽象化就是範疇論的目標。

「集合論的觀點與範疇論的觀點」

　· **集合論**⋯透過集合的元素說明集合。

　　　　　　　　　　　（關注物件的「內容」）

　· **範疇論**⋯透過與其他對象的關係賦予原始對象特徵。

　　　　　　　　　　　（關注物件與「外界的關係」）

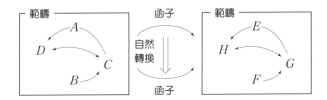

範疇論除關注同一個範疇之中的對象，還關注範疇與範疇之間的關係（函子）或是函子與函子之間的關係（自然轉換），所以是非常抽象的概念！

# 第 5 節

## 應用數學
### Applied Mathematics

　　應用數學與第 4 節的數學基礎論一樣，都是在開始有興趣的階段開始學習的學問（其中的許多領域都需要分析學的知識）。

　　應用數學包含了下列領域：

- 透過數學探討電腦架構的計算機科學

- 利用電腦計算數據的數值分析

- 包含圖論與最佳化理論，並以離散為主題的離散數學

- 利用機率論進行推測的統計學

- 利用各種數學理論建立密碼系統的密碼學

- 其他還有與保險有關的保險數學，以及與金融有關的數理金融這類數理科學。

　　當然還有本書未及介紹的各種領域。

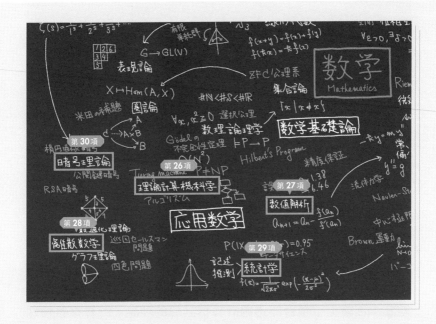

**Contents**

# 理論計算機科學
## Theoretical Computer Science

計算機科學就是研究電腦架構的領域。廣義來說，也包含電腦設計這類工學方面的研究。本節要說明的是理論計算機科學，這個領域著重於電腦的數學面向。

其中的計算理論是指透過數學研究計算相關體系的領域，主要是抽象化電腦計算機制，透過數學嚴謹定義負責計算的架構，再研究該架構的計算方式。計算理論具代表性的主題之一就是可計算性理論與計算複雜性理論。可計算性理論是探討問題在「理論上」是否能透過計算機計算的理論，計算複雜性理論則是探討問題在「實務上」是否能透過計算機計算的理論。

早期研究主題是以可計算性理論為主。圖靈（Turing，1912 - 1954）定義了圖靈機這台虛擬的計算機，並且針對「是否有一種演算法（後續）能讓任何一種程式在有限時間內結束執行」的停機問題，證明理論上沒有這種演算法。

在那之後，從 1960 年代開始，便開始針對理論上可計算的問題，研究「在時間與記憶體有限的情況下能否解決這個問題」，而這種問題屬於計算複雜性問題。本節要介紹的是未解決的計算複雜性問題，也就是知名的 P ≠ NP 猜想。

## 26.1. 問題與演算法

話說回來，我們必須先釐清計算理論處理的是什麼「問題」。

這個領域的問題是指輸入值之後，該輸出什麼才正確。

⊙例 131.

‧解決一元一次方程式的問題

輸入：$x$ 的一次方程式 $E$

輸出：$E$ 的解 $x$

比方說，當輸入的例子為「$2x + 4 = 0$」，輸出的例子就為「$x = -2$」。

‧回答大於等於 2 的自然數的最小質因數為何的問題

輸入：大於等於 2 的自然數 $n$

輸出：$n$ 的最小質因數

假設輸入的範例為「2023」，輸出的範例則為「7」。

　　「計算 2023 的最小質因數」這種帶有具體數值的問題不是計算理論處理的「問題」，計算理論探討的是更具普遍性的問題，也就是在所有輸入值具有無限可能性的時候，該輸出什麼結果才適當的「問題」，這是因為要讓電腦進行計算時，通常都會思考各種輸入值。

　　電腦在解題時，會依照具有明確步驟的計算方式進行計算。這個步驟稱為演算法。演算法是由程式碼撰寫，而電腦則是執行這些程式碼，藉此進行計算。

　　例如來試著思考下列這個搜尋的問題吧。

輸入：$N$ 個自然數依照由小到大的順序排成數列 $a_1$、$a_2$、$\cdots$、$a_n$，自然數 $s$

輸出：自然數 $s$ 是否存在於 $a_1$、$a_2$、$\cdots$、$a_n$ 之中？以 Yes 或 No 回答問題

也就是說，這是依照由小至大的順序排列 $N$ 個數，再從中找出
指定數 $s$ 的問題。

在此介紹一個解決這
個問題的演算法。最直覺
的解法就是從左至右搜尋
的方法。第一步先確認最
左邊的數字是否與 $s$ 一
致，若是不一致就移動到

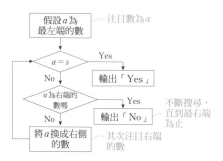

下一個數字，確認第二個數字是否與 $s$ 一致，假設一致就結束搜
尋，否則就繼續移動到下一個數字。這個演算法可畫成上述的
流程圖。這種搜尋方式稱為線性搜尋法。

● 例 132.

下列是輸入數列「4、7、10、12、17、19、21、23」與 s＝17
並執行線性搜尋法的一個例子。

不一致
4̲、7、10、12、17、19、21、23
　不一致
4、7̲、10、12、17、19、21、23
　　不一致
4、7、10̲、12、17、19、21、23
　　　不一致
4、7、10、12̲、17、19、21、23
　　　　一致
4、7、10、12、17̲、19、21、23
「結束：輸出 Yes」

## 26.2.　計算量

接著繼續探討剛剛的搜尋問題。是否有方法比線性搜尋法
「更有效率」呢？

　　要討論這個話題就必須先定義「測量效率」。假設將「取出
1 個數，再與 s 比較大小」視為 1 次的操作，那麼「有效率」的
方法是指操作次數較少的方法。

　　以剛剛的線性搜尋法為例，假設指定的數字位於最左邊，
操作次數 1 次就能解決問題，但如果位於最右邊，操作次數就
會增加至 N 次。線性搜尋法最糟糕的情況就是當數字有 N 個，
操作次數也會達 N 次。換言之，數字個數越多，操作次數也會
等比增加。不過，這個方法實在不太有效率。由於這個數列是
「由小至大」排列，所以可以利用這點，進行更有效率的搜尋。

　　這種搜尋方式就是二分搜尋演算法。在此介紹這個方法。
首先關注數列正中央的數 $a$。假設 N 為偶數，就關注位於正中
央兩個數左側的那個數（以後皆同）。假設 $a=s$ 就結束。如果
$s<a$，代表 $s$ 只可能位於 $a$ 的左側，所以接下來關注 $a$ 的左側即
可。假設 $a<s$，代表 $s$ 只可能位於 $a$ 的右側，所以接下來關注 $a$
的右側即可。

　　重覆這項操作，每次都捨去大約一半的數，須要處理的範
圍就會每次減半。如此一來，當 $N=8$，操作次數就只剩下 4
次；$N=16$ 時也只需要 5 次。換言之，當 $N=2^n$，操作次數為
$(n+1)$ 次。嚴格來說，在 $2^{n-1} \leq N < 2^n$ 時，操作次數為 n 次。
因此，操作次數 n 大概就是 $\log_2 N$[※1]。

---

※1　嚴格來說，當 $N=2^n$，操作次數為 $\log_2 N+1$，但是在 N 為非常大的數時，這個「+1」的差異基本上
　　可以忽略。

● 例 133.

對剛剛的範例執行二分搜尋演算法，可得到下列的結果：

不一致→ $s$ 位於12的右側
4、7、10、12、17、19、21、23
$s$ 位於19的左側 ←不一致
4、7、10、12、17、19、21、23
一致
4、7、10、12、17、19、21、23
「結束：輸出Yes」

　　搜尋問題的操作次數可利用數列的項數 $N$ 的函數 $f(N)$ 表現。以線性搜尋法為例，$f(N)$ 是 $N$ 的一次函數，二分搜尋演算法的 $f(N)$ 則大約等於 $N$ 的對數函數。其他演算法也同樣能根據代表輸入資訊規模的 $N$，利用 $N$ 的函數表現代表計算次數的 $f(N)$，這就稱為計算量。

　　若問線性搜尋法與二分搜尋演算法的計算量有多少差距，在 $N=32$ 的時候，線性搜尋法的計算量為 32 次，二分搜尋演算法的計算量為 6 次。與 $N$ 對應的函數 $y=N$、$y=Log_2N$ 的圖表可參考右圖。當 $N$ 越大，操作次數也會出現壓倒性落差。

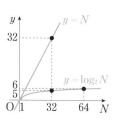

　　在以其他函數表現的計算方面：

● $f(N)=2^N$ 等 指 數 函 數 會 比 $f(N)=N^2$、$f(N)=N^{100}$ 這類多項式函數來得更多

● 就算同為多項式函數，次方較高的 $f(N)=N^{100}$ 的計算量也會比次方較低的 $f(N)=N^2$ 急速增加。

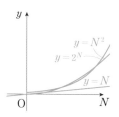

由此可知，比較 $N$ 放大之後的增加速度，就能比較計算量大小。

　　計算量就是測量執行演算法需要多少時間或記憶體容量的指標。計算量的定義會隨著處理的對象而改變，計算量越少的演算法就是「越有效率」的演算法，而計算複雜性理論的一大主題就是找到計算量較低又實用的演算法。

## 26.3.　P ≠ NP 猜想

　　接著要介紹在計算複雜性理論被稱為決定性問題的問題。決定性問題就是以 Yes 或 No 回答（輸出 Yes 或 No）的問題。比方說，「是否有解」「是否為質數」這類問題。

　　讓我們試著以剛剛介紹的計算量多寡為基準，分類這類決定性問題吧。

> 定義 134.　**計算量再大也不過是多項式函數的演算法存在的決定性問題屬於類別 P（P 問題）。**

　　屬於類別 P 的問題是指能以輸入大小 $N$ 的多項式所表現計算次數中的計算問題。比方說，$N$ 有可能是 $N^{100}$ 這種次方較高的數，但比起計算量為指數函數（輸入大小 $N$ 非常大的時候）的問題，$N^{100}$ 這種問題的處理時間依舊壓倒性的快。比方說，剛剛介紹的搜尋問題可透過計算量為一次函數的線性搜尋法解決，所以屬於類別 P 的問題。

　　這個類別 P 是用來判斷「這個問題在實務上是否為可計算的問題」的基準之一。假設是計算量會隨著輸入大小 $N$ 而呈指數速度增長的演算法，這個演算法就不算實用。

相對於類別 P，這世上的問題通常屬於下列這種類別 *NP* 的問題：

> 定義 135.　當決定性問題的答案為 Yes，驗證證據的多項式時間演算法存在的問題屬於類別 NP（NP 問題）。

○例 136.

- 判斷輸入的自然數 $x$ 是否為合成數的問題

  一般來說，要列出自然數 $x$ 的質因數是非常困難的問題，不過，若取得有可能是 $x$ 的質因數的 w($<x$) 時，只須要以 w 除以 $x$，就能確認 $x$ 是否具有質因數 $x$，也能驗證 $x$ 是否為合數。只要能取得證明 $x$ 為合數的 $w$，就能在多項式時間之內確認 $x$ 為合成數，所以這個問題為 NP 問題。

- 漢米頓路徑問題

  判斷是否具有漢米頓路徑（定義143）的問題屬於 NP 問題。只要知道能夠經過每個頂點的路線，就能快速確認所有的點是否剛好經過一次，所以這個問題也是 NP 問題。

眾所周知，P 問題就是 NP 問題（P ⊂ NP），但問題在於不知道是 NP 問題而非 P 問題的問題是否存在。這就是知名的 P ≠ NP 猜想。

> ### 猜想137 ▶ P ≠ NP猜想
>
> 屬於類別 **NP**，但不屬於類別 **P** 的問題應該存在（**P ≠ NP** 應該成立）。

　　比方說，剛剛提到漢米頓路徑問題屬於 NP 問題，但不知道是否為 P 問題。

　　在 NP 問題中，漢米頓路徑問題被歸類為最難解決的 NP 完全問題。NP 完全問題的厲害之處在於，只要知道 NP 完全問題能於多項式時間內解決，就能證明其他的 NP 問題都能在多項式時間內解決。換言之，只要知道某個 NP 完全問題為 P 問題，就能證明 P＝NP。1971 年，美國計算機科學家古克（Cook，1939 －）證明 NP 完全問題存在。這項發現也開啟了 P ≠ NP 的相關研究。

　　當 P＝NP，電腦就能更有效率地解決大部分的問題，也更有機會應用於各個社會層面。不過，到目前為止還沒找到能在多項式時間內解決的 NP 問題，所以許多人都推測 P ≠ NP。不論如何，P ≠ NP 猜想絕對是研發各種電腦技術的重要猜想。

# 數值分析
## Numerical Analysis

數值分析就是利用計算機（電腦）從數值的角度解決（計算數值）數學問題的領域。研究純粹數學的人通常會透過一些具體例子確認研究結果是否正確，或是會為了利用具體例子建立一般的猜想而計算數值。不過，利用計算機進行的計算與數學的一般（嚴謹的）計算不同，所以要注意的事情非常多。具體來說，這兩種計算方式有什麼差異呢？

第一點，計算機無法處理 $\sqrt{2}$ 這種無理數。計算機在處理這類無理數時，會將所有的實數換算成 $\sqrt{2} \fallingdotseq 1.41$ 這種有限小數，所以總是會出現誤差。

第二點是計算機只能處理四則運算，所以 $\sqrt{2}$ 這類平方根或是 sin 20° 這種三角比都必須另外想辦法計算，而且也會發生誤差，而且該怎麼計算這些值也是相當重要的問題，花太多時間思考這點也很沒效率。

由此可知，在計算數值時，這兩種計算方式會出現誤差與效率的問題，誤差太大、效率太差都不行，所以該如何找出縮小誤差的方法或是更有效率的方法，就是這個領域的一大研究主題。

## 27.1. 誤差

讓我們先思考誤差的問題。假設有一個二次方程式

$$ax^2 + bx + c = 0 \ (a \cdot b \cdot c \ 都為實數，a \neq 0)$$

這個方程式的判別式為

$$D = b^2 - 4ac$$

著眼於這個判別式，就能找出二次方程式實數解的個數。就算是遇到

$$x^2 - \sqrt{7}\,x + \sqrt{3} = 0$$

這種方程式，也可以利用下列式子，透過根號的計算找出實數解有兩個這個結論。

$$D = (\sqrt{7})^2 - 4\sqrt{3} = \sqrt{49} - \sqrt{48} > 0$$

不過，若是利用計算機計算，就會以下列這種近似值計算（就實務而言，計算機當然會以更多位數的近似值計算）。利用這種近似值進行計算所產生的誤差，有時候會對計算結果造成重大影響。

$$\sqrt{7} \fallingdotseq 2.6458, \quad \sqrt{3} \fallingdotseq 1.7321$$

◉例 138.

以下列二次方程式為例。

$$1.17x^2 + 2.54x + 1.38 = 0 \qquad \cdots (\ast)$$

假設某台計算機會在每次進行加減乘除時，對小數點第三位以下的數字進行四捨五入計算。讓這台計算機試著計算上述這個二次方程式的判別式吧。二次方程式 $ax^2 + bx + c = 0$ 的判別式為 $b^2 - 4ac$。以計算機進行計算時，會使用下列這個方式計算：

① 　以 $b^2 = b \times b$ 計算

② 　以 $4a = 4 \times a$ 計算

③ 　利用②的計算結果計算 $(4a)c = (4a) \times c$

④ 　利用①與③的計算結果計算 $b^2 - 4ac$

假設以這個方式計算上述的二次方程式，就會是下列的流程。

① $2.54^2 = 6.4516 \fallingdotseq 6.45$

② $4 \times 1.17 = 4.68$

③ $4.68 \times 1.38 = 6.4584 \fallingdotseq 6.46$

④ $6.45 - 6.46 = -0.01 < 0$

如此一來，二次方程式（＊）就沒有實數解。

但是，也可以利用下列方式計算：

① 計算 $b^2 = b \times b$

② 計算 $a \times c$

③ 利用②的計算結果計算 $4 \times (ac)$

④ 利用①與③的計算結果計算 $b^2 - 4ac$

若使用上述的方式計算，可以得到下列結果：

① $2.54^2 = 6.4516 \fallingdotseq 6.45$

② $1.17 \times 1.38 = 1.6146 \fallingdotseq 1.61$

③ $4 \times 1.61 = 6.44$

④ $6.45 - 6.44 = 0.01 > 0$

這麼一來，二次方程式（＊）居然出現了實數解！由此可知，光是調整計算順序，計算結果就可能大不相同。

　　計算機在遇到 $\sqrt{2}$ 或是 $\pi$ 這類實數時，都會以 1.4142 或 3.1415 這類近似值計算。將無限小數四捨五入為位數有限的小數時，就會出現誤差，而這個誤差有可能會對計算結果造成重大影響。為了避免發生這種事，數值分析領域會不斷尋找縮小誤差的方法。

其他還有透過數學精準預測誤差再計算數值的方法。這種計算方式稱為保證精準度的數值計算。數值計算的結果本來就是近似值，從數學的角度來看，不算是嚴謹的結果。不過，以數學的方式精準計算誤差範圍，就能得到嚴謹而有價值的計算結果。

比方說，要證明某種方程式的解存在時，就算透過數值計算的方式算出數值解，在數學的世界裡，也不代表這個方程式的解真的存在。不過，若能先精準評估誤差的範圍，有時就能證明接近數值解的解存在。保證精準度的數值計算不僅能夠確保計算機的計算結果正確，又能成為嚴謹的數學證明，所以目前有許多人正在研究相關的計算方式。

## 27.2. 牛頓法

接著來探討在數值分析中，最具代表性的方程式數值解問題。

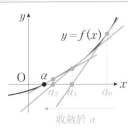

收斂於 $\alpha$

假設 $f(x)$ 屬於可多次微分的函數，而我們打算求出 $f(x) = 0$ 的數值解（例如使用中間值定理）。假設已知解 $\alpha$ 存在，此時該如何求出 $\alpha$ 的數值解呢？接下來介紹的牛頓法就是非常基本的方法之一。

首先假設解的概略值為初始值 $a_0$，此時 $x = a_0$ 的 $y = f(x)$ 的切線方程式如下：

$$y = f'(a_0)(x - a_0) + f(a_0)$$

若 $y = 0$，這條切線與 $x$ 軸的交點則如下：

$$x = a_0 - \frac{f(a_0)}{f'(a_0)}$$

讓我們將這個交點視為 $a_1$。接著將 $x=a_1$ 時的 $y=f(x)$ 這條切線與 $x$ 軸的交點，也就是 $x$ 座標視為 $x=a_2$。重覆上述的步驟，就能透過下列的遞迴關係式定義數列 $\{a_n\}$。

$$a_{n+1} = a_n - \frac{f(a_n)}{f'(a_n)}$$

目前已知，（當 $a_0$、$f(x)$ 滿足一定的條件）數列 $\{a_n\}$ 會收斂於 $\alpha$。因此，針對 $a_n$ 不斷進行數值計算，就能求出 $\alpha$ 的近似值。這種方法就稱為牛頓法。

◉例 139.

假設要計算 $\sqrt{2}$ 的近似值，也就是在 $f(x) = x^2 - 2$ 的時候，計算 $f(x) = 0$ 的正的數值解。由於 $f(0) = -2 < 0$，而且 $f(2) = 2 > 0$，所以中間值定理告訴我們，滿足 $f(\alpha) = 0$ 的 $\alpha$ 落在 $0 < \alpha < 2$ 的範圍之內。接著就讓我們透過數值計算的方式求出這個 $\alpha$。

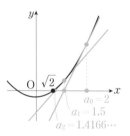

由於 $f'(x) = 2x$，所以利用牛頓法得到下列的數列之後，就能求出 $\alpha$ 的近似值。

$$a_{n+1} = a_n - \frac{a_n^2 - 2}{2a_n} = \frac{a_n}{2} + \frac{1}{a_n}$$

當 $a_0 = 2$，並且計算 $a_1$、$a_2$、$a_3$、…，就能得到下列結果：

| $a_0$ | 2 |
|---|---|
| $a_1$ | 1.5 |
| $a_2$ | 1.4166666666666$\cdots$ |
| $a_3$ | 1.4142156862745$\cdots$ |
| $a_4$ | 1.4142135623746$\cdots$ |

　　換言之，可得到 $\sqrt{2} = 1.4142135623730\cdots$ 的結果，由此可知，這是速度很快、精準度很高的計算方式。

　　一般來說，五次以上的 $n$ 次方程式沒有公式解（ 定理20 0），所以在計算五次以上方程式的數值解時，就須要使用牛頓法求解，但是，四次以下的方程式又該如何求解？由於四次以下的方程式有嚴謹的公式解，所以要求出數值解，除了可使用公式，當然也可以使用牛頓法，至於哪種方法比較好，這在數值計算的領域是個難題。解的公式通常含有根號，而且還很複雜（尤其是四次方程式的公式）。因此，若使用公式求解，有可能會讓誤差變大。在數值計算的世界裡，無法斷定嚴謹的數學解法比較重要，因此在數值分析的世界裡，不會拘泥於嚴謹的數學計算方式，而是會衡量誤差與效率，選擇最適合的方法進行計算。

　　透過計算機進行的數學研究除了會應用於後續介紹的四色問題（ 28.2 ），相關的研究也在不斷進行中。在計算機越來越進化的現代，數值分析也慢慢成為越來越重要的領域。

第27項
數值分析

第**28**項

# 離散數學
Discrete Mathematics

離散數學就是研究離散主題的領域。在分析學不斷發展之下，與「無限」有關的「連續性」主題已成為現代數學的顯學，然而離散數學卻是處理「有限」且「離散」的主題，在此為大家介紹離散數學的幾個主題。

## 28.1. 圖論

圖論是離散數學具代表性的領域之一，主要是與「圖」有關的理論。在此說的「圖」與大家熟悉的函數的圖形不同，指的是由多個「點」以及點與點之間的「邊」所組成的圖形。

> 定義 140. 由多個點以及連接這些點的邊（也可以是曲線）組成的圖形稱為圖，而在各種圖之中，於平面繪製、各邊不交錯的圖稱為平面圖。

點

邊

圖論有個著名的柯尼斯堡七橋問題。如右圖所示，在現代俄羅斯（舊普魯士）的小鎮柯尼斯堡有一條河，河面有七座橋。而柯尼斯堡七橋問題就是有沒有這七座橋剛好都

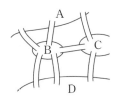

只走一次（不能經過相同的邊）的走法（又稱為一筆畫問題）。

假設將 4 塊陸地置換為點，再將橋置換為邊，就能畫成右側的圖，而柯尼斯堡七橋問題就能改成「所有的邊都只走一次的走法存在嗎？」這個問題。這種走法又稱為歐拉路徑。

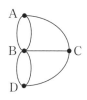

> **定義 141.**　從圖裡的某個點出發，將所有邊都逐一通過的行進法，就稱為歐拉路徑。

歐拉路徑存在的圖的範例

不難想像，不管試多少次都無法達成柯尼斯堡七橋問題的條件，也就是沒辦法一筆畫完所有邊（歐拉路徑不存在），而且歐拉也已經證明柯尼斯堡七橋問題不可能一筆畫完。接著便為大家說明為何這個問題無法一筆畫完。

如下頁圖所示，每個點的附近都有與點連接的邊。如果將範圍限縮至一個點，就會發現與這個點連接的邊分成兩種，一種是進入這個點的邊，另一個是離開這個點的邊。因此，當某個點的邊為奇數條，進入點的邊與離開點的邊的條數就會不同，所以這個點就會是一筆畫的起點或終點。

例如，點 B 有 5 個邊，所以進入點與離開點的邊不是 (2, 3) 就是 (3, 2) 這兩種模式。如下頁圖所示，若是前者，那麼 B 就會是起點，若是後者，B 就會是終點。要一筆畫的時候，起點與終點都各有一個（也有可能起點與終點是同一個點），所以有

奇數邊的點不能超過3個。柯尼斯堡七橋問題有4個這樣的
點，所以才無法一筆畫完。

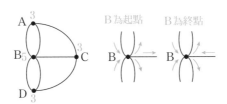

歐拉進一步指出圖具有歐拉路徑的條件。這些條件就是下
列的定理。

> 💡 定理142. 歐拉路徑存在的條件
>
> （整體連接為一個圖的情況）計算圖的每個點有幾條邊。假
> 設邊為奇數條的點為 0 個或 2 個，代表這個圖具有歐拉路
> 徑。

另外與歐拉路徑原理相似的還有漢米頓路徑問題。

> 定義143.　從圖裡的某個點出發，並在經過每個點 1 次
> 之後，回到起點的路線稱為漢米頓路徑（不須要經過所有
> 的邊）。

具有漢米頓路徑的圖　　　　　　　不具有漢米頓路徑的圖

目前還不知道圖要具有漢米頓路徑需要哪些條件（●例 136）。漢米頓路徑雖然與歐拉路徑相似，但情況卻完全不同。

## 28.2.　四色問題

假設有一張畫了日本 47 個行政區的日本地圖。若想讓所有相鄰的行政區都以不同顏色塗滿，最少需要幾種顏色？

在 47 個行政區中，與最多縣相鄰的縣是長野縣。長野（之後省略「省」或「都」這類行政地區的名稱）總共與 8 個縣相鄰。

第一步，先試著以 A、B、C 三種顏色填色。假設長野以 A 填色，富山以 B 填色，如此一來，與長野（A）、富山（B）相鄰的岐阜就非得以 C 填色不可。其次，愛知與岐阜（C）、長野（A）接壤，所以得以 B

填色。與長野相鄰的縣填色後，靜岡的填色自動為 C、山梨為 B、埼玉為 C、群馬為 B、新潟為 C，如此一來，長野縣的鄰縣就都填好顏色了。

由於東京與山梨（B）、埼玉（C）相鄰，所以得用 A 填色，而神奈川也與靜岡（C）、山梨（B）相鄰，所以同樣得用 A 填色，但這麼一來，東京與神奈川的填色就強碰，代表無法只以三種顏色替 47 個行政區標記不同的顏色。

　　如果使用 A ～ D 四種顏色，就能如下圖所示，替 47 個行
政區分別填色（假設沖繩的填色為 B）。

　　假設將這張日本地圖的所有行政區換成點，再以邊連接相
鄰的行政區，就能將這張日本地圖轉換成圖，也能將這次的結
果重新詮釋成「以 4 色幫所有點填色時，有著邊相連接的 2 個
點顏色不同的填色方式」這種圖論的說法。在其他圖思考同樣
問題時，也會用到下列的四色定理。

> 💡 **定理144.　四色定理**
>
> 以 4 種顏色替平面圖的所有點填色。此時一定有填色方式
> 是讓透過邊連接的 2 個點為不同填色的。

　　四色定理是由阿佩爾（Appel，1932 － 2013）與哈肯
（Haken，1928 － 2022）於 1976 年利用電腦（計算機）證明
的定理。由於四色定理的證明包含分類龐大情況的過程，不可
能透過人力一一驗證，所以才會借助電腦的力量，但偶爾還是
會有人質疑，這種透過電腦得出的證明是否正確。如今的電腦
技術已十分進步，相關的證明也得以簡化，所以大部分人都認
為當時的證明是正確的。

## 28.3.　離散最佳化

　　在滿足某個條件的對象中，求出與該對象相關的某種量為
最大（或最小）的解就稱為最佳化問題。在最佳化問題中，順
序、排列組合這類從離散的對象中找出最佳解的問題就稱為離
散最佳化問題。處理連續性對象的最佳化問題當然也是其中之
一，但本書要透過離散最佳化問題介紹最佳化理論。

　　例如讓行車導航系統找出最便宜或最短的路徑就是典型的
離散最佳化問題。接著來詳細介紹這類型的問題。

　　假設某處小鎮有很多個郵筒。郵差若想以最有效率的方式
從所有郵筒回收郵件，該如何決定路徑呢？這類問題通常稱為
旅行推銷員問題。以下先試著將這個問題轉換成與數學相關的
狀況，再予以說明。

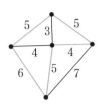

　　假設鎮上的郵筒為點，連接郵筒的道路為邊，就可將鎮上的郵筒分布情況畫成右圖，接著可將每條路的長度當成「權重」指派給各邊（這種邊帶有「權重」的圖又稱為加權圖）。

　　如此一來，這種旅行推銷員問題就變成在經過邊的時候，陸續加入這個「權重」（移動距離），算出「權重」（移動距離）最小，卻又經過每個點，最終回到出發點（也就是漢米頓路徑，定義 143）的問題。以右上角的圖為例，沿著色線前進的方法為權重 25（＝5＋5＋4＋5＋6），這也是「權重」最小的漢米頓路徑。

　　這次的範例只將「移動距離」設定為「權重」，但是與交通壅塞程度有關的「移動時間」或是與坡道有關的「油耗」也都有可能設定為「權重」。像這樣在各種條件下找出最具性價比的解，就是所謂的最佳化問題。在最佳化理論的世界裡，有不少人正在開發找出最佳解的演算法。

　　我們的社會每天都在進步，該怎麼做才能更有效率地傳遞資訊，又該如何在新開發的都市設置道路或公車站，提升都市的便利性？這類（離散）最佳化問題與現實社會的各種問題可說是息息相關。

## 專欄 4　筆者回憶中的定理～莫雷角三分線定理～

　　筆者在國中放暑假的時候，老師出了證明莫雷角三分線定理這項功課，這道課題讓筆者待在家裡整整想了一週。雖然這是本書未及介紹的初階幾何學定理，但機會難得，所以想為大家介紹。

> 💡 **定理 0.　莫雷角三分線定理**
>
> 在三角形的每個內角繪製三分線後，在離三角形各邊最近的三分線取出 3 個交點，以這 3 個交點為頂點的三角形將會是正三角形。

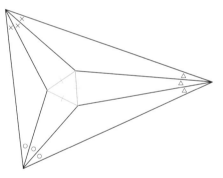

　　如果要以初階幾何學的方式證明這個定理，過程會相當複雜困難，但如果利用三角比證明就相對簡單輕鬆。有興趣的讀者不妨挑戰看看囉。

# 統計學
## Statistics

　　統計學就是從資料篩出資訊，再予以分析的學問。統計學可分成敘述統計學與推論統計學兩大類。

## 29.1. 敘述統計學

　　敘述統計學的研究主題就是彙整資料，找出資料特徵的方法。

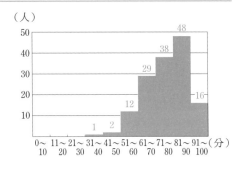

　　比方說，某間學校舉行了數學考試，此時可將所有學生的得分整理成某種格式，了解得分的趨勢。比方說，將得分整理成右側的直方圖，就能大致了解得分的分布情況。

　　根據得分資料計算各種統計量也是相同重要的步驟。中位數（依照由小至大的順序排列分數後，落在正中央的分數）、眾數（最常出現的分數）、平均值（以人數除以分數總和的結果）都是說明資料趨勢的統計量，也稱為代表值。統計量的種類還有很多，例如說明資料離散情況的變異數就是其中一種。統計量可說是分析資料所需的基本資料。

**●例 145.**

假設這次考試分數的分布情況分成下列兩種（實際的分數為整數，但本書為了方便說明，試著畫成平滑曲線的分布情況）。若以左圖為例，平均值、中位數與眾數都相同，至於右圖則是這三個值都不一樣的圖，所以資料也較為偏頗。由此可知，可從代表值看出資料的趨勢。

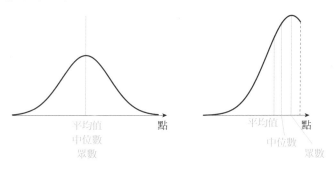

## 29.2.　推論統計學

　　有些調查很難執行，有些甚至是無法執行，例如選舉的出口調查或是產品的劣質品調查就是其中一種。在這種情況下，就會從原始資料取得部分資料，推測原始資料的特徵，而這就是推論統計學。原始資料稱為母體，取得的部分資料稱為樣本。

　　讓我們以日常生活的例子說明。假設要透過輿論調查的方法得知民眾對於政策 $M$ 的支持率。若對 500 位民眾進行電話訪問之後，發現有 400 位民眾贊成，此時真能就此斷定政策 $M$ 的支持率為 80% 嗎？假設電話訪問的對象（樣本）不夠客觀，有可能接受電話訪問的民眾剛好以支持政策 $M$ 的人居多，甚至有

可能除了這 500 位民眾之外，其他民眾都反對這項政策，實際的支持率有可能趨近於 0，不過就直覺而言，這類情況的機率應該接近於零吧。

因此我們似乎可從「500 位民眾接受電話訪問後，有 400 位民眾贊成」的這個結果得到「支持率落在 75% ～ 85% 之間的可能性很高」的推論。透過數學方式進行這類推論就是推論統計學的主題之一。

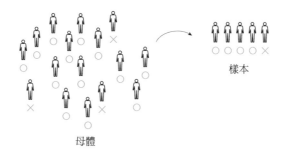

樣本

母體

## 29.3.　機率論與統計學的差異

一如「機率、統計」的說法，統計學的確常常與機率論放在一起討論，但其實兩者在本質上的差異非常明顯。為了幫助大家徹底了解統計學的推論，在此要透過具體的範例說明機率論與統計學的差異。

假設眼前有顆作弊的骰子（與 20.3 介紹的骰子相同），各點的機率（機率分布）如下。

| 點數 | 1 | 2 | 3 | 4 | 5 | 6 |
|------|---|---|---|---|---|---|
| 機率 | $\frac{1}{4}$ | $\frac{1}{24}$ | $\frac{1}{3}$ | $\frac{1}{6}$ | $\frac{1}{6}$ | $\frac{1}{24}$ |

在這個機率分布下擲骰 200 次之後所出現的點數，可透過數學的方式算出下列這種機率。

| 點數 | 1 | 2 | 3 | 4 | 5 | 6 |
|------|----|---|----|----|----|---|
| 次數 | 55 | 8 | 63 | 30 | 35 | 9 |

像這樣利用機率的公理或定理，以及基本事件的機率算出各種複雜事件的機率，屬於機率論的範疇，當然也是分析學的領域。

反之，統計學則是反過來思考。假設有顆作弊的骰子，但如下表所示，不知道點數的機率分布為何。

| 點數 | 1 | 2 | 3 | 4 | 5 | 6 |
|------|----|----|----|----|----|----|
| 機率 | ? | ? | ? | ? | ? | ? |

假設實際丟了 200 次這顆骰子，各點出現的次數如下。

| 點數 | 1 | 2 | 3 | 4 | 5 | 6 |
|------|----|---|----|----|----|---|
| 次數 | 55 | 8 | 63 | 30 | 35 | 9 |

根據這個結果觀察骰子各點出現機率（也就是 ? 的部分），就屬於統計學的範疇。

統計學在處理實測值這點與機率論完全不同，而根據實測值推測理論值這點，也與機率論背道而馳。

## 29.4. 常態分佈

接著介紹具體的推論範例。第一步要先從機率論的基本用語開始說明。

執行某種試驗（操作）確定值之後，代表各值出現機率的變數稱為隨機變數。比方說，當硬幣擲出 n 次，出現正面的次

數 $X$ 就是隨機變數。當 $X$ 為大於等於 $0$，小於等於 n 的整數，就屬於離散型隨機變數，反之，$X$ 為實數值的隨機變數稱為連續型隨機變數。

離散型隨機變數可將 $X$ 值的機率分布整理成表格，但是連續型隨機變數的值是實數值，所以可畫成 $y=f(x)$ 這種圖。此時 $X$ 值落在 $a \leqq X \leqq b$ 的機率等於 $y=f(x)$ 的圖與 $x$ 軸圍成的 $a \leqq x \leqq b$ 的面積。

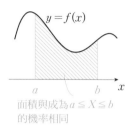

面積與成為 $a \leqq X \leqq b$ 的機率相同

●例 146.

以下來探討 20.1 介紹過的範例。也就是假設從大於等於 $0$、小於等於 $1$ 的實數隨機選擇一個實數的隨機變數為 $X$，此時成為 $a \leqq x \leqq b$ 的機率為 $b-a$，這個機率可透過函數 $y=1$ 與 $x$ 軸圍成的 $a \leqq x \leqq b$ 的面積來表現。

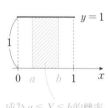

成為 $a \leqq X \leqq b$ 的機率

常用於統計學的是常態分布。比方說，將骰子擲出 $N$ 次之後的點數總和與機率畫成圖，再不斷放大 $N$，這個圖就會接近常態分布的形狀（中央極限定理：　定理109　）。除此之外，任何年齡的男性身高資料也會接近常態分布。

假設 $\mu$ 為平均值，$\sigma$ 為標準差 [1]，此時的常態分布可畫成下列的圖。

---

※1　是代表資料分散程度的常數，也是變異數的正平方根（$\sigma > 0$）。

$$f(x) = \frac{1}{\sqrt{2\pi\sigma^2}} \exp\left(-\frac{(x-\mu)^2}{2\sigma^2}\right)$$

此時常態分布呈左右對稱，資料都集中在平均值附近，離平均值越遠，資料就減少得越快。

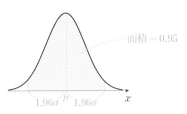

面積＝0.95

$1.96\sigma$　$\mu$　$1.96\sigma$　$x$

　　以下來探討符合常態分布的隨機變數 $X$，並將其中一個值設定為 $x$。此時 $x$ 值落在下列範圍的機率約為 95％〔剛剛的函數 $y = f(x)$ 的圖與 $x$ 軸圍成的部分，也就是①的範圍的面積為 0.95〕。

$$\mu - 1.96\sigma \leqq x \leqq \mu + 1.96\sigma \qquad \cdots\cdots ①$$

●例 147.

假設 12 歲男孩的平均身高為 $\mu = 154.3$ 公分，標準差為 $\sigma = 8.09^{※2}$。因此，當 12 歲男孩身高的資料完全符合常態分布，可得到下列結果：

面積＝0.95

面積＝0.025

面積＝0.025

138.4　154.3　170.2　$x$

$$154.3 - 1.96 \times 8.09 \leqq x \leqq 154.3 + 1.96 \times 8.09$$

換言之，大概是下列的結果：

$$138.4 \leqq x \leqq 170.2$$

也意味著身高落在這個範圍的 12 歲男孩占整體比例的 95％。反之，$x < 138.4$ 或 $x > 170.2$ 的機率各為 2.5％。

　　上述就是機率論的理論。若反過來思考，就能進行統計學的推論。

※2　出自「學校保健統計調查——令和2年年度」。

第 29 項

統計學

　　假設隨機變數 $X$ 符合某種常態分布，而且已經取得標準差 $\sigma$，但還不知道平均值 $\mu$。經過實測後，設 $X$ 的值為 $x$。①是在 $\mu$ 已知的時候，用來表現 $x$ 有 95% 的機率落在此範圍的式子。稍微整理一下①的式子，可得到下列式子。

$$x - 1.96\sigma \leqq \mu \leqq x + 1.96\sigma \qquad \cdots\cdots②$$

這就是在 $x$ 已知時，說明母體的平均值 $\mu$ 範圍的式子。假設實際測量 $X$ 值 100 次，$\mu$ 大概會有 95 次落在②的範圍中（②的區間稱為信賴水準 95% 的信賴區間）。這就是透過資料 $x$ 推論平均值 $\mu$ 的過程。

　●例 148.

假設從 12 歲男孩隨機挑出 1 人測量身高後，測得 149.8 公分。若已知 12 歲男孩身高的標準差為 $\sigma = 8.09$，以信賴水準 95% 的信賴區間推測平均身高 $\mu$，可得到下列結果：

$$149.8 - 1.96 \times 8.09 \leqq \mu \leqq 149.8 + 1.96 \times 8.09$$

經過整理之後會變成：

$$133.9 \leqq \mu \leqq 165.7$$

　　這是依照母體符合常態分佈算出的結果，但在實際情況下，母體不一定都符合常態分佈，所以這種概念無法直接套用。不過，此時可應用機率論某個偉大的定理——中央極限定理（ 定理109 ）。這個定理指出，若能取得多個樣本，該樣本的平均值必定符合常態分佈！只要對該樣本的平均值套用上述的概念，就能推論母體的平均值。

　　再回到剛剛的政策 $M$ 支持率問題。假設對 500 位民眾進行電話訪問，有 400 位贊成政策 $M$。當隨機變數 $X$ 在贊成的情況為 1，反對的情況為 0，支持率就與 $X$ 的平均值對應。由於樣本

數夠多，所以樣本支持率（平均值）應該如中央極限定理所示，符合常態分佈才對，因此以上述方法根據樣本支持率 80% 推論母體的支持率（平均值）[※3]，就可以得到在信賴水準 95% 的信賴區間內，支持率約為 76.5% ～ 83.5% 的統計學推論結果。

　　這種支持率的推論結果稱為母體比例的推論，也是最基本的推論方式之一。雖然這個推論使用了最有名的常態分佈，但在實務上，會依照各種狀況選擇不同種類的分佈再進行推論。

## 29.5.　資料科學

　　統計學這類處理資料的科學稱為資料科學，近年來，常與機器學習、計算機科學這類手法結合，展開各種研究，也積極應用於醫學或各種商業場景。

　　如今已是資訊氾濫的社會，所以就算只是面對日常生活，也須要掌握、洞悉資料的能力。國中與高中已開始重視統計學，大學也開始設置資料科學系，想必今後應該會有更多學習統計學的機會。

第29項

統計學

---

※3　與剛剛不同的是，不知道標準差，所以必須使用進一步發展的推論方式。

# 密碼學
## Cryptography

假設發訊者希望訊息被特定的收訊者接收，不被其他人截獲，此時發訊者可利用某種規則將訊息轉換成其他字串（加密）再發送。原始訊息稱為明文，轉換之後的字串稱為密文。接收密文的收訊者可根據某種規則將密文還原為明文（解密），就能解讀訊息。密碼學思考的是這類加密、解密方法的問題。

比方說，你希望加密帶有英文字母的明文。最簡單的方式就是設定某種規則，讓其他文字對應每個英文字母。試著利用下列表格將英文字母轉換成數字吧。

| | | | | | | | |
|---|---|---|---|---|---|---|---|
| A | 6 | H | 17 | O | 22 | V | 10 |
| B | 18 | I | 3 | P | 11 | W | 4 |
| C | 21 | J | 12 | Q | 19 | X | 24 |
| D | 1 | K | 14 | R | 26 | Y | 23 |
| E | 20 | L | 2 | S | 5 | Z | 25 |
| F | 7 | M | 15 | T | 16 | | |
| G | 13 | N | 8 | U | 9 | | |

透過上表轉換英文字母後，明文「MATH」就會轉換成密文「15、6、16、17」。這種用來加密與解密的表格稱為金鑰。由於這只是替英文字母編號的金鑰，所以很容易解讀[1]。實務上，必須利用更複雜的規則將英文字母轉換成其他文字。

---

※1　不須要利用金鑰解密，直接將密文轉換為明文的過程稱為解讀。

　　這個金鑰還有一個問題，就是發訊者與收訊者必須具備同一張表。這種加密與解密都需要相同金鑰的方法稱為**對稱金鑰加密方式**。若使用這種方式，發訊者與收訊者就必須以某種形式分享金鑰，而在分享金鑰時，就有可能外洩。

## 30.1.　公開金鑰加密方式

　　比對稱金鑰加密方式更不容易外洩的方式為**公開金鑰加密方式**。以這種方式加密時，使用的是**公開金鑰**，解密使用的是**私密金鑰**，兩者是不同的金鑰。顧名思義，公開金鑰是誰都可以取得（誰都能建立密文）的金鑰，但是私密金鑰則是不能被收訊者以外的人取得的金鑰（只要沒有私密金鑰就幾乎無法解讀）。或許大家會覺得金鑰分成兩種很奇怪。在此透過下列步驟說明公開金鑰加密方式的機制。

　　① 收訊者先生成私密金鑰。

　　② 收訊者根據特定方式與私密金鑰生成公開金鑰。

　　③ 收訊者將公開金鑰傳送給發訊者。

　　④ 發訊者利用公開金鑰生成密文。

　　⑤ 發訊者將密文傳送給收訊者。

　　⑥ 收訊者利用私密金鑰解密密文。

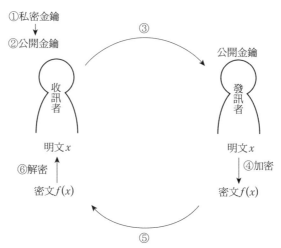

①私密金鑰
②公開金鑰
③
公開金鑰
收訊者
發訊者
明文 $x$
⑥解密
⑤
④加密
密文 $f(x)$
明文 $x$
密文 $f(x)$

　　這個步驟的關鍵在於，解密所需的私密金鑰是由收訊者生成，完全不須要發送給外界，只要收訊者妥善管理私密金鑰，私密金鑰外洩的風險就非常低。

　　那麼該如何生成私密金鑰與公開金鑰呢？這部分會用到各種數學，在此介紹 RSA 加密演算法與橢圓曲線加密法。

## 30.2. RSA 加密演算法

　　RSA 加密演算法是利用整數的質因數分解的不易之處建立的加密方式。比方說，若取得 $p$ 與 $q$ 這兩個質數，就能快速算出 $pq$ 的乘積，但是，若只取得兩個質數的乘積 $N$，要找出 $N=pq$ 的質數 $p$、$q$ 就非常困難，尤其當 $N$ 的位數非常大，連電腦都很難快速找到這兩個質數（●例 136 ）。RSA 加密演算法使用了以電腦進行質因數分解也得耗費數百年時間的質數乘積，這麼一來，不太可能在發訊者與收訊者還活著的時候完成質因數分解（如果質因數分解的技術出現長足的發展，或許

RSA 加密演算法就不再安全）。

接著來介紹加密與解密的步驟（仿照剛剛的例子）。假設要傳送的明文是以數字表示的文字[※2]。

① 收訊者盡可能選用兩個巨大的質數 $p$ 與 $q$ 來當成私密金鑰。

　　私密金鑰：2 個質數 $p$、$q$

② 收訊者計算乘積 $N=pq$，再選擇與 $(p-1)(q-1)$ 互為質數的自然數 $e$，然後將這些值當成公開金鑰。

　　公開金鑰：$N$、$e$

③ 收訊者將公開金鑰 $N$、$e$ 傳送給發訊者。

④ 發訊者接受公開金鑰 $N$、$e$。假設想傳送的明文為 $x$（$<N$），發訊者以 $N$ 除以 $x^e$，算出餘數後，再將餘數當成密文 $f(x)$。

⑤ 發訊者將密文 $f(x)$ 傳送給收訊者。

⑥ 收訊者取得密文 $f(x)$ 再解密。解密時，先根據私密金鑰 $p$、$q$ 計算 $p-1$、$q-1$ 的最小公倍數 $L$，再找出滿足方程式 $ed-Lk=1$ 的自然數 $d$ 與整數 $k$[※3]。接著利用這個自然數 $d$ 計算以 $N$ 除以 $f(x)^d$ 的餘數，這個餘數就是明文 $x$。

第30項

密碼學

---

[※2] 要將數學應用於加密、解密的技術，就必須將資訊先轉換成數字。比方說，須要使用剛剛的表格或是某種方式將明文的英文字母轉換成數字。

[※3] 之所以能取得這種 $d$ 與 $k$ 是因為 $e$ 與 $L$ 互為質數。

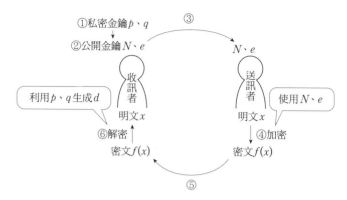

①私密金鑰 $p$、$q$
②公開金鑰 $N$、$e$
利用 $p$、$q$ 生成 $d$
收訊者
明文 $x$
⑥解密
密文 $f(x)$
③
$N$、$e$
送訊者
使用 $N$、$e$
明文 $x$
④加密
密文 $f(x)$
⑤

以 $N$ 除以 $f(x)^d$ 的餘數能否還原為 $x$，須要經過數學嚴謹的驗證[4]。要根據公開金鑰求出 $p$、$q$ 非常困難，因此要求出 $p-1$、$q-1$ 的最小公倍數 $L$ 也很困難。這點能用來隱藏在解密之際扮演重要角色的 $d$。

**◉例 149.**

就實際情況而言，RSA 加密演算法使用的質數更大，所以本書為了方便說明，使用較小的 $p$、$q$ 說明。

① 假設收訊者將

$$p = 19 \text{、} q = 31$$

這兩個質數設定為私密金鑰。

② 收訊者算出乘積 $N = pq = 589$，再選擇一個與 $(p-1)(q-1) = 540$ 互為質數的自然數 $e$，假設這次選擇的是 7。

③ 收訊者將公開金鑰 $N = 589$[5]、$e = 7$ 傳送給發訊者。

---

※4　有接觸過（高中數學的）數論的人應該能夠證明。
※5　實務的 $N$ 是更巨大的值，無法輕易完成質因數分解。589 當然是能快速完成質因數分解的數字，但都是為了方便說明才使用這樣的數字。

④　發訊者收到公開金鑰 $n = 589$、$e = 7$。假設此時要加密的明文 $x = 109$，發訊者會以 $N = 589$ 除以 $x^e = 109^7$ 的餘數，再將這個餘數當成密文 $f(x) = 535$。

⑤　發訊者將密文 $f(x) = 535$ 傳送給收訊者。

⑥　收訊者接受密文 $f(x) = 535$，再加以解密。

　　為此，要根據私密金鑰 $p = 19$、$q = 31$ 算出 $p - 1 = 18$、$q - 1 = 30$ 的最小公倍數 $L = 90$，再求出方程式 $7d - 90k = 1$ 的整數解。假設 $(d, k) = (13, 1)$，要使用這個 $d = 13$ 解密密文，可利用 $N = 589$ 除以 $f(x)^d = 535^{13}$ 的餘數，如此一來，就能將 $x$ 還原為 109。

## 30.3.　橢圓曲線加密法

　　橢圓曲線加密法是利用橢圓曲線（ 定義 39 ）上的離散對數問題加密的方法。這個方法因為被部分虛擬貨幣採用而聲名大噪。

　　先來說明離散對數問題。比方說，相對於人腦，電腦較能快速算出以 29 除 2 的乘方 $2^n$ 的餘數，但是卻很難算出「反過來」計算的問題，例如很難算出下列式子裡的整數 $n$[6]。

　　$2^n \equiv 12 \pmod{29}$（以 29 除 $2^n$ 的餘數為 12）

如果數字越大就更是難以算出。解決這種方程式的問題稱為離散對數問題。橢圓曲線密碼就是利用橢圓曲線上離散對數問題的難解之處生成的密碼。

　　請回想一下橢圓曲線。橢圓曲線上的點有加法，也就是說，當橢圓曲線有 $P$、$Q$ 兩點，橢圓曲線上就有與 $P + Q$ 對應

---

[6]　例如 $n = 7$ 就是這個方程式的整數解。

的點。同樣的，若是重覆加總點 $P$，就能生成加總 $n$ 次之後的點 $nP$。要根據 $P$ 算出 $nP$ 相對容易，但是橢圓曲線上的點的加法是以稍微複雜的公式定義，所以要根據 $P$、$Q$ 算出下列式子中的整數 $n$ 就非常困難。

$$Q = nP \text{（$P$加總 $n$ 次之後為 $Q$）}$$

因此將這個問題與先前同餘問題一樣視為「除數 $p$ 的世界」的問題，意味著以質數 $p$ 做為除數的橢圓曲線

$$y^2 \equiv x^3 + ax + b \pmod{p}$$

思考的是橢圓曲線上的離散對數問題。

那麼這個離散對數問題是如何當成加密與解密機制使用的呢？在此稍微解說一下公開金鑰與私密金鑰。第一步先慎選質數 $p$、橢圓曲線（$a$、$b$ 的係數），以及在橢圓曲線上作為基準點的點 $G$（這些數字公開也不會有問題）。要提升橢圓曲線加密法的安全性，就必須慎選這些數字。收訊者會以自然數 $n$ 作為私密金鑰，再以 $T = nG$ 取得的點 $T$ 當成公開金鑰，傳送給發訊者。要根據私密金鑰 $n$ 生成公開金鑰 $T$ 很容易，但是要根據公開金鑰 $T$ 求出私密金鑰卻等於要解開困難的離散對數問題。雖然本書不會進一步介紹具體的加密與解密方法，但以這種機制生成私密金鑰與公開金鑰的公開金鑰加密方式就稱為橢圓曲線加密法。

想必大家都知道，在這個網路如此發達的現代社會裡，利用公開金鑰加密方式發展的數位簽章技術或是其他加密技術都非常重要。除了本書介紹的技術，還有許多利用數學概念開發的加密技術，而這些加密技術也正應用於實務上。

## Essential Points on the Map

☑ **理論計算機科學**…透過數學的方式考察電腦（計算機）計算機制的領域。

　· 可計算性理論…思考「理論上可計算嗎？」的問題。

　　→ 例如圖靈的停機問題。

　· 計算複雜性理論…思考「實務上可計算嗎？」的問題。

　　→ 例如 $P \neq NP$ 猜想（ 26.3 ）。

☑ **數值分析**…根據數值計算的方式尋找近似解的時候，研究相關的計算方式
　　　　　　與誤差的領域。

　→ 例如牛頓法（ 27.2 ）。

☑ **離散數學**…圖離、離散最佳化這類處理有限與離散問題的領域。

　→ 例如四色問題（ 28.2 ）。

☑ **統計學**…利用理論考察機率的機率論（ 第20項 ），根據實測值推論母體資訊
　　　　　的領域。

　→ 例如母體比例的推論。

☑ **密碼學**…利用數學開發加密機制，或是研究安全性與解密方式的領域。

　→ 例如應用了數論（ 第5項 ）的 RSA 加密演算法（ 30.2 ）或是橢圓曲線
　　加密法（ 30.3 ）。

# 其他的應用數學
## Other Applied Mathematics

還有許多應用到數學的場景。

保險數學就是與保險有關的數理科學。壽險與意外險會考慮許多風險後來設定保險的價格與理賠方式。在計算風險時，也會使用以過去的案例推測未來發展的統計學（第29項）。這個領域的專家被稱為精算師，臺灣也有相關的證照可供考取，這也是許多數學系畢業的人從事的職業之一。

雖然經濟系被分類為文組，但其實是一門少不了數學的學問。與經濟學有關的數學之一為數理金融學，而這是與金融市場有關的數理科學。要考據源自布朗運動（20.4）的股價模型，就須要使用非常重要的機率論。

此外，賽局理論則是在許多人能自行選擇行動，而且每個選擇都會影響各自利益的狀況下，思考讓利益最大化，損失最小化的理論。這套理論也對市場理論與社會學造成影響。

其他還有許多數學居中扮演重要角色的學問，就連音樂、美術這些藝術，也有許多會應用到數學的場景，若大家有機會，請務必找找看藏在身邊的「數學」。

# 第3章

## 旅程的尾聲
### At the End of the Journey

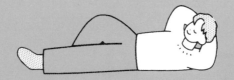

# 製作地圖吧　～致學習數學的人～

　　這趟數學世界之旅大家覺得如何呢？由於只介紹了各領域的冰山一角，所以就算讀了本書，也無法聲稱自己了解了各個領域。本書充其量只是入口，光是大致瀏覽，不代表看過真正的世界，不過筆者希望本書能成為「想學習某個領域」的敲門磚。

　　如果遇到有興趣的領域，可以試著閱讀相關的專業書籍，因此本書要介紹實際學習數學時的心態。

## 徹底思考

　　專業書籍通常很艱澀，不一定適合初學者閱讀，而且不管是哪本書，都一定有不容易理解的部分。建議大家在閱讀時，不要只是一知半解，而是要不斷思考，直到想通為止。有時候光是為了了解一行內容就會煩惱好幾天，但是當我們不斷遇到這類情況，就越來越能了解數學。

## 從定義開始思考

　　一如本書開頭所述，數學的所有概念都有嚴謹的定義，也是從這些定義開始討論數學。如果在專業書籍遇到一些不懂的問題或內容，請從定義開始思考。比方說，遇到「函數 $f(x)$ 為 $x=0$ 時，函數是否具有連續性」的問題時，請先回想函數具有「連續性」的定義為何，自然而然就會對這類問題有一些感覺。

## 思考範例

　　越是深入數學的世界，越有可能遇到許多抽象的內容，此時請思考具體的範例。雖然本書也介紹了許多範例，在學習新定義或是定理時，自行尋找具體範例，也有助快速理解數學。

## 俯瞰整體的流程

專業書籍充斥著定義與定理。讀懂每一行的內容固然重要，但也必須提醒自己掌握整體的流程，再思考定義與定理配置在那裡的理由，就能理清思緒，了解相關的理論。

## 重視與別人的討論

學習數學的基本是閱讀專業書籍，但除此之外，大學生或是研究生也會在「研討會」與別人討論數學。數學的研討會通常會讓幾個人一起讀同一本書。然後每次由不同的人在黑板上講解自己負責的範圍。如果聽眾有任何聽不懂的地方，當然也可以發問，而發表者也會為了聽眾的問題做好準備。與別人討論數學可以從他人身上學到自己缺乏的觀點。數學絕對不是一門閉門造車的學問。

## 享受數學

不管做什麼事，不夠有趣就無法持續下去。建議大家從感興趣的領域開始學習。有些領域需要大量的背景知識才能開始學習，但如果是感興趣的領域，就不會覺得學習這些背景知識很辛苦。為了避免在學習背景知識的時候打退堂鼓，建議大家先找到適當的切入點再開始學。

筆者透過本書介紹了至今所見所聞的數學世界。接下來要交棒給各位讀者，希望大家能在數學的世界旅行時，繪製一張專屬自己的「數學世界地圖」。

# 結語

　　我於2019年發布的YouTube影片「我畫了一張數學的世界地圖，介紹數學有哪些研究領域！」是促成我撰寫本書的契機。到2023年4月為止，這部影片的播放次數達58萬次，在所有我製作的影片中，是播放量最高的一部。

　　我記得是在2020年11月的時候，有人問我要不要將這部20分鐘的影片製作成類似「旅遊導覽書」的書籍。我也很開心在兩年半之後，這本書能夠具體形成。一旦要出書，就必須進一步介紹各種數學領域，所以遲遲難以完成原稿，而且當時的我也才剛出社會，書寫得非常慢，造成了許多人的困擾。

　　盡管本書的編輯村本悠不是理科畢業的人，卻不斷從正面提出許多建議，讓本書變得更容易閱讀。我也請佐佐木和美（成人數學教室「和」講師）幫忙校閱原稿，並提出許多問題。另外還請AI*cia Solid*（資料科學V*Tuber*，經營：杉山聰）、石塚健二郎（東大寺學園中高常任講師）、宮澤仁（東京大學大學院數理科學研究科博士課程在籍）、青木豐宏、恩田直登根據他們的專業領域校閱原稿，真的非常感謝大家。

　　但願本書能讓更多人在數學的世界旅行，我自己也希望能繼續在數學的世界旅行。

Note

國家圖書館出版品預行編目資料

最廣泛實用的數學課 : 探索公理與定義,一
手掌握數學知識/古賀真輝作 ; 許郁文譯.
-- 初版. -- 新北市 : 世茂出版有限公司,
2024.12
　　面 ;　公分. -- (數學館 ; 47)
ISBN 978-626-7446-40-9(平裝)

1. CST: 數學

310　　　　　　　　　113014543

數學館47

# 最廣泛實用的數學課：探索公理與定義，一手掌握數學知識

作　　　者／古賀真輝
譯　　　者／許郁文
主　　　編／楊鈺儀
封面設計／林芷伊
出 版 者／世茂出版有限公司
地　　　址／(231)新北市新店區民生路19號5樓
電　　　話／(02)2218-3277
傳　　　真／(02)2218-3239（訂書專線）
劃撥帳號／19911841
戶　　　名／世茂出版有限公司
　　　　　　單次郵購總金額未滿500元（含），請加80元掛號費
世茂網站／www.coolbooks.com.tw
排版製版／辰皓國際出版製作有限公司
印　　　刷／傳興彩色印刷有限公司
初版一刷／2024年12月

I S B N／978-626-7446-40-9
E I SBN／9786267446386（EPUB）／9786267446379（PDF）
定　　　價／450元

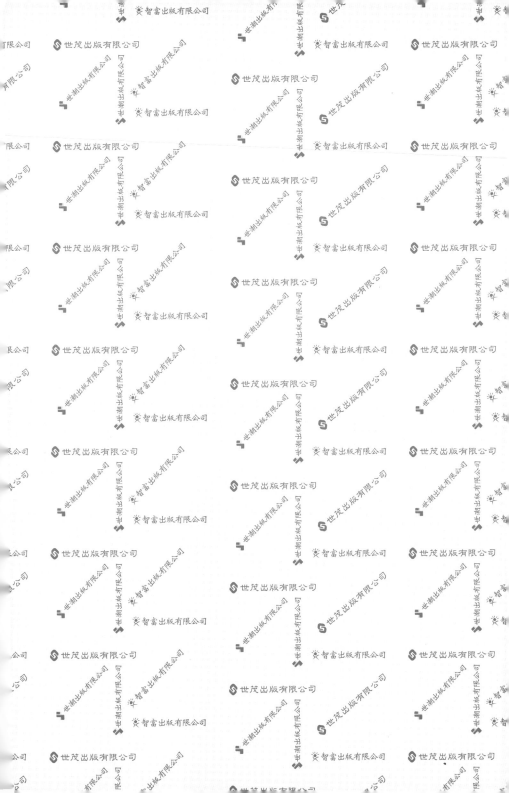